Docker
微服务架构实战

蒋彪◎著

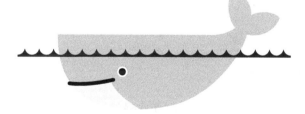

电子工业出版社
Publishing House of Electronics Industry
北京·BEIJING

内 容 简 介

微服务与 Docker 是近年来分布式大规模服务架构中两个主流的技术趋势，本书主要介绍中小型企业在架构落地过程中柔性地切入微服务和 Docker 虚拟化的各种方法。

书中主要介绍了微服务架构的各种技术选型、微服务拆分的各项原则、传统应用向微服务架构过渡的方法论、Docker 技术原理、Docker 跨主机通信选型、Docker 与 DevOps 的整合方法等要点，同时简单介绍了利用 Rancher 搭建 Docker 容器云平台的快速解决方案，非常适合云计算从业人员阅读、学习。

未经许可，不得以任何方式复制或抄袭本书之部分或全部内容。
版权所有，侵权必究。

图书在版编目（CIP）数据

Docker 微服务架构实战 / 蒋彪著. —北京：电子工业出版社，2018.11
ISBN 978-7-121-35033-7

Ⅰ.①D… Ⅱ.①蒋… Ⅲ.①Linux 操作系统—程序设计 Ⅳ.①TP316.85

中国版本图书馆 CIP 数据核字（2018）第 207873 号

策划编辑：孙奇俏
责任编辑：张春雨
印　　刷：北京捷迅佳彩印刷有限公司
装　　订：北京捷迅佳彩印刷有限公司
出版发行：电子工业出版社
　　　　　北京市海淀区万寿路 173 信箱　邮编：100036
开　　本：787×980　1/16　印张：17.75　字数：365 千字
版　　次：2018 年 11 月第 1 版
印　　次：2022 年 8 月第 6 次印刷
定　　价：69.00 元

凡所购买电子工业出版社图书有缺损问题，请向购买书店调换。若书店售缺，请与本社发行部联系，联系及邮购电话：(010) 88254888，88258888。

质量投诉请发邮件至 zlts@phei.com.cn，盗版侵权举报请发邮件至 dbqq@phei.com.cn。
本书咨询联系方式：010-51260888-819，faq@phei.com.cn。

推荐序

在这个技术日新月异的时代,每一位技术从业者都不得不加紧步伐,追赶不断变化的技术趋势。

从单体架构到分布式服务架构,到 SOA 架构,再到微服务架构以及最新的服务网格,架构演进的步伐在业务爆发式增长的背景下从未停滞过。微服务、服务网格和容器技术俨然已经成为了当下最热门的技术话题。如今的微服务、服务网格和容器技术已经不再局限于理论,而是成为了势不可当的技术潮流。

微服务的核心思想就是将整个业务系统拆分为相对独立的业务模块,并强调各个微服务都可以独立开发、独立测试、独立部署、独立运行、独立运维。这种松耦合的灵活特性正是目前业界所有人所盼望的,因此微服务架构在较短的时间内便在很多大型互联网企业被落地实践,成为解决复杂应用的一把利器。比微服务更进一步的服务网格更是将传统服务治理框架中的服务注册、服务发现、服务熔断、服务降级、服务限流这些和业务无关的内容抽离出来,下沉为底层服务,让研发的重心更集中在业务逻辑的实现上。而容器技术在此过程中发挥了"推波助澜"的作用,加速了微服务的产业化步伐。

微服务看似简单、容易理解,但其实际落地过程却困难重重。很多已经实施或者计划实施微服务的公司在服务划分、服务测试、服务运维、服务安全以及人员组织结构调整等方面缺乏经验,为此付出了很大的代价也没能实际感受到微服务架构的灵活性。

很多时候,我们都非常希望在落地微服务的过程中有一盏明灯来为我们指引方向。如果你和你所在的团队正在经历或即将经历这样的架构演进过程,那么相信本书会是你的那盏指路明灯,带领你快速步入微服务架构时代。

纵览全书,内容循序渐进,概念清晰明了,由浅入深,从易到难,技术描述有点有面,清晰地为读者呈现了一幅包括微服务、服务网格、容器技术原理及落地实践在内的全景图。更难能可贵的是,全书采用了原理结合实战的行文思路,融合了作者在中小型企业推广实施微服务的亲身经验，是一本理论架构完整，又包含典型实践案例的好书。

　　无论你是开发工程师、测试工程师、运维工程师、架构师，还是技术经理，相信你都会通过本书接触到微服务和容器领域最热门的技术以及最清晰的工程实践流程，快速建立微服务生态圈的全局知识体系。

茹炳晟

eBay 中国研发中心技术主管

2018 年 9 月于上海

前言

Docker 与微服务是什么

到底什么是架构师？一名架构师的职责应该是什么？

很多年前，我作为一名架构初学者，便了解了架构师要做的事情。从方法论上来看，就是"识别利益相关者""梳理各个层次的利益传递"和"根据利益线索设计有伸缩性的架构"。

同样，以架构师的视角来看，到底什么是微服务呢？作为架构师，我所看到的微服务，是在团队人数井喷，产品迭代周期太快，系统中的技术负债过剩导致不能将鸡蛋放到同一个摇摇欲坠的篮子，投资人对产品功能特性提出夸张、多变要求的大背景下，在投资人、经理层、研发人员、测试人员、运维人员等各个利益相关者的逼迫下，被迫地将系统从并发、扩展、易维护等维度进行的拆分。

按照微服务的思想将系统拆分之后，我们发现，拆分得越厉害，系统的信息熵就越大，因此有了系统的拆分，就要有拆分之后的治理。

比如，如何保证拆分之后应用的注册发现？如何保证拆分之后服务的熔断限流监控？如何保证服务之间底层通信的可靠性和序列化？

为此，各种各样的服务治理以及分布式服务协同框架便出现了。

那么是不是有了微服务的拆分再加上微服务的治理就足够了呢？对于开发人员而言也许足够了，但是对于运维人员而言，远远不够。拆分使得系统的健壮性大大提高，但是也使系统的发布和运维异常复杂。试想一下，如何在一个分布式的环境下令几万个微服务快速启停？如何实现几万个微服务的管理、编排与自动扩容？

为了解决这些问题，Docker 以及与 Docker 关联的各种容器编排技术便出现了。

因此，如果我们站在终点回望起点，就会知道为什么会有微服务，又为什么会有 Docker，乃至为什么会有今天的 Service Mesh。我们可以说，这些技术的产生一脉相承，它们的根本目的都是解决系统复杂度井喷之后的系统架构问题；从学术上来说，这些技术都是在和复杂分布式架构中的信息熵进行对抗；从工程上来说，这些技术是当今时代背景催生出的必然产物。

为什么写此书

作为一名技术人员，比起知道技术的用法，更重要的是要知道如何使这项技术切合公司现有的技术栈、业务线，如何解决公司的痛点，如何在各个部门的协同下将技术实际落地。

一项技术再好，再优秀，在实际落地中也要"削足适履"，要根据公司的产品线走，跟着公司的技术现状确定如何应用。毕竟绝大多数公司的第一要务是生存与盈利，能够专职供养一支底层研究技术团队的公司少之又少，更何况是对 Docker 这样的"底之又底"的技术栈。

对于一名架构师而言，当你决定引入 Docker 的时候，你要知道，你在公司内引入的不是一个简单的技术框架、一个中间件、一个自动化工具，而是一种思想、一个云平台、一个新的开发习惯。

对于 Docker 的引入，从入门到落地，需要架构师、运维工程师、网络工程师、研发人员、测试工程师，乃至公司高层的全面支持和协作。把 Docker 用到极致，就是在建设自己的云平台和 PaaS，对于这种体量的研究，若没有一个全面的规划和路线图是无法完成的。

同时，对于 Docker 的引入者而言，需要学习包括 Docker 底层的原理、Docker 的网络模型、Docker 的容器隔离、Docker 下的自动发布与自动运维，乃至常被很多人挂在嘴边的 Docker 容器编排、Docker 与微服务、Docker 与 DevOps 在内的方方面面的知识。

上述所有的知识，若能够集中在一个人身上，实在是难得。毕竟，在 IT 行业，每个人都有自己的知识短板。

甚至我可以负责任地说，在很多公司中，若想找到一支能够搞定底层到上层方方面面建设的专业团队，都是很困难的。

举个例子，我见过很多 Docker 实际应用的场景，在一些中型场景中，通常直接用 bridge 端口来转发通信，为什么会这样？因为很多公司虽然不缺少优秀的程序员，但是缺少网络方面的架构师，不懂也不敢尝试复杂的网络模式。再比如，我亲眼见到有的项目在落地的时候，采用 Docker 挂载卷轴的方式发布代码，为什么？因为这些公司缺少专门的人来维护 CI/CD 平台。

正是因为有这些困难，所以笔者将自己在中小型企业中推广微服务和 Docker 的亲身经历和亲眼所见总结出来，从技术选型和架构切入的层面进行梳理，希望通过这本书将这些好的经验传递给需要的读者，帮助更多的人。

本书内容

本书共包括三个部分，共计 13 章，每部分及每章的简要内容如下。

第一部分 Docker 与微服务基础

第 1 章 微服务架构概述

本章介绍了微服务具体是什么，为什么要使用微服务，微服务的架构设计原则，以及从单体到微服务的演进过程。

第 2 章 微服务中的技术选型

本章主要介绍了微服务架构中的各种技术选型，包括服务治理、服务网关、服务发现、请求链路追踪等。

第 3 章 Service Mesh

本章主要介绍了目前非常前沿的一个微服务架构 Service Mesh，讲述其定义、优势、发展历程以及未来可能的发展趋势。

第 4 章 Docker 技术简介

本章主要介绍了 Docker 技术是什么，Docker 与传统 VM 的区别，Docker 的作用和优势，Docker 生态圈的现状与发展，以及微服务与 Docker 的联系等。

第二部分 Docker 架构与生态

第 5 章 Docker 技术架构

本章介绍了 Docker 的进程模型，Docker 在宿主机上的进程特征，Docker 容器的底层实现机制，以及 Docker 在运行时的技术模型。

第 6 章 Docker 逻辑架构

本章介绍了 Docker 中各个核心组件之间的逻辑架构关系，讲解了各个组件之间是如何进行耦合的，最后简单介绍了开源仓库 Harbor 的原理和部署方式。

第 7 章 Docker 网络架构

本章介绍了 Docker 在单机环境下的网络通信模式,包括 Bridge、Host、Container、None 等,同时介绍了 Docker 在跨主机集群环境下的常见网络通信模式,比如 Flannel、L2-FLAT 等。

第 8 章 Docker 安全架构

本章介绍了 Docker 技术中常见的安全问题,比如 Docker 自身隔离机制不足导致的安全缺陷、Docker 镜像被注入恶意代码导致的安全缺陷等,同时提出了一系列的 Docker 安全检查基线,最后介绍了几种常见的 Docker 安全工具。

第 9 章 Docker 与 DevOps

本章介绍了 Docker 中的代码如何挂载,如何在 Docker 容器中实现服务注册发现,同时介绍了 Dockerfile 的写法和规范,以及如何在 Docker 中收集日志、实施监控,如何与 CI/CD 平台整合等。

第 10 章 容器编排

本章介绍了容器编排技术的概念、用途和具体用法,列举了常见的几种容器编排技术,比如 Swarm、Kubernetes 和 Mesos 等,对它们进行了比较,简单介绍了它们的部署安装及使用方法。

第三部分 Docker 落地之路

第 11 章 企业级 Docker 容器云架构

本章介绍了在企业级环境下如何进行整体的 Docker 架构设计,同时介绍了围绕着 Docker 建立企业级容器云平台架构的方法。

第 12 章 基于 Rancher 的容器云管理平台

本章介绍了基于开源 PaaS 软件 Rancher 建立企业级容器云平台的各类方案,以及其中各种技术难点的解决方法。

第 13 章 微服务与 Docker 化实战

本章介绍了如何在某条实际产品线的 Docker 化落地过程中进行平滑切入,如何打通容器网络和物理网络,以及如何将产品线整合进 Rancher 的容器云平台。

致谢

在本书的写作过程中,我得到了大量的帮助,其中有些来自我的同事,有些来自我的领导,有些来自网络博客中的真知灼见。

感谢电子工业出版社博文视点的孙奇俏老师对我的帮助和指正。作为一名理工科出身的程序员,我语言贫乏,词不达意,如果没有孙老师的悉心指教,我想我绝对不可能完成这本书。

我还要感谢我的家人,尤其是我可爱的女儿蒋文婷,她美丽的笑容是我不断努力工作的最大动力,在这里,我想将这本书送给我亲爱的女儿,祝她在人生的成长道路上,常与真理和知识为伴。

蒋彪
2018 年 7 月于南京

读者服务

轻松注册成为博文视点社区用户(www.broadview.com.cn),扫码直达本书页面。

- 提交勘误:您对书中内容的修改意见可在 提交勘误 处提交,若被采纳,将获赠博文视点社区积分(在您购买电子书时,积分可用来抵扣相应金额)。

- 交流互动:在页面下方 读者评论 处留下您的疑问或观点,与我们和其他读者一同学习交流。

页面入口:http://www.broadview.com.cn/35033

目录

第一部分 Docker 与微服务基础 1

第 1 章 微服务架构概述 2

1.1 什么是微服务 2
    1.1.1 CORBA 3
    1.1.2 DCOM 4
    1.1.3 RMI 5
    1.1.4 SOA 7

1.2 为什么要使用微服务 9
    1.2.1 scale cube 9
    1.2.2 API 网关 13

1.3 微服务架构设计原则 15
    1.3.1 业务架构 15
    1.3.2 逻辑架构 16
    1.3.3 技术架构 19
    1.3.4 基础架构 20

1.4 从单体到微服务 21
    1.4.1 止损 22
    1.4.2 前后端分离 23
    1.4.3 提取服务 24

第 2 章 微服务中的技术选型 26

2.1 服务治理 27

		2.1.1	Dubbo	27
		2.1.2	Spring Cloud	30
	2.2	服务网关		35
		2.2.1	OpenResty	35
		2.2.2	Orange	38
		2.2.3	Kong	40
		2.2.4	Zuul	41
	2.3	服务注册发现		43
		2.3.1	ZooKeeper	43
		2.3.2	Eureka	49
	2.4	配置中心		51
	2.5	请求链路追踪		57

第 3 章　Service Mesh 64

  3.1　初识 Service Mesh 64

  　　3.1.1　什么是 Service Mesh 64

  　　3.1.2　为什么使用 Service Mesh 65

  3.2　Service Mesh 的发展过程 66

  　　3.2.1　早期的分布式计算 66

  　　3.2.2　微服务时代的分布式计算 68

  3.3　主流的 Service Mesh 框架 73

第 4 章　Docker 技术简介 75

  4.1　Docker 是什么 75

  4.2　Docker 的作用 77

  　　4.2.1　用 Docker 快速搭建环境 78

  　　4.2.2　用 Docker 降低运维成本 83

  　　4.2.3　Docker 下自动发布 84

  4.3　Docker 的生态圈 86

  4.4　微服务与 Docker 89

第二部分　Docker 架构与生态 93

第 5 章　Docker 技术架构 94

5.1　Docker 的进程模型 94
- 5.1.1　容器中进程启动的两种模式 96
- 5.1.2　容器中的进程隔离模型 101
- 5.1.3　容器的自重启 102
- 5.1.4　容器中用户权限的隔离和传递 103
- 5.1.5　Docker 守护进程宕机的处理机制 104

5.2　容器的本质 104
- 5.2.1　Namespace 解惑 105
- 5.2.2　Rootfs 解惑 106
- 5.2.3　CGroups 解惑 109

5.3　Docker 容器的运行时模型 111

第 6 章　Docker 逻辑架构 113

6.1　Docker Registry 的技术选型 114
6.2　Harbor 的部署 115

第 7 章　Docker 网络架构 120

7.1　Docker 的单机网络模式 120
- 7.1.1　Bridge 模式 120
- 7.1.2　Host 模式 123
- 7.1.3　Container 模式 124
- 7.1.4　None 模式 125

7.2　Docker 的集群网络模式 126
- 7.2.1　Bridge 端口转发 126
- 7.2.2　扁平网络 127
- 7.2.3　Flannel 模式 130

第 8 章 Docker 安全架构 ... 135
8.1 Docker 安全问题 ... 135
8.2 Docker 安全措施 ... 138

第 9 章 Docker 与 DevOps ... 148
9.1 DevOps 概要 ... 148
9.2 Docker 容器的代码挂载机制 ... 149
9.2.1 静态导入 ... 149
9.2.2 动态导入 ... 150
9.3 Docker 与服务发现 ... 150
9.4 Dockerfile 怎么写 ... 164
9.5 Docker 与日志 ... 172
9.6 Docker 与监控 ... 176
9.7 Docker 与 CI/CD ... 182
9.8 Docker 给运维团队带来的挑战 ... 184

第 10 章 容器编排 ... 186
10.1 容器编排概述 ... 186
10.2 容器编排技术选型 ... 189
10.2.1 Docker Swarm ... 189
10.2.2 Kubernetes ... 191
10.2.3 Marathon ... 194
10.3 Kubernetes 实战 ... 197
10.3.1 Kubernetes 快速安装 ... 198
10.3.2 在 Kubernetes 上部署应用 ... 203
10.4 Docker Swarm 实战 ... 210
10.4.1 Docker Swarm 的快速安装 ... 212
10.4.2 在 Decker Swarm 上部署应用 ... 214

第三部分　Docker 落地之路 221

第 11 章　企业级 Docker 容器云架构 222

11.1　宏观系统视角下的架构 222
11.2　容器云平台逻辑架构图 223

第 12 章　基于 Rancher 的容器云管理平台 226

12.1　Rancher 概述 226
12.2　Rancher 的安装 227
12.3　Rancher 对 IaaS 的管理 228
12.4　Rancher 下多租户多环境的管理 236
12.5　Rancher 对 SaaS 的管理 240
12.6　Rancher 对容器的管理 242
12.7　Rancher 的 L2-FLAT 网络 248
12.8　Rancher 的服务治理 249

第 13 章　微服务与 Docker 化实战 258

13.1　整体架构鸟瞰 258
13.2　基于 log-pilot 的日志收集 261
13.3　基于 Zabbix 的容器监控 263
13.4　简单的 DevOps 架构图 264
13.5　推进方案和成本 266

part one
第一部分 01

在这一部分中,我们将介绍一些与微服务、Docker、DevOps 相关的基础知识,包括什么是微服务、微服务的起源与发展、为什么要使用微服务等。

同时,本部分还将介绍微服务架构中常见的痛点、每个痛点对应的技术选型、微服务架构中为什么要用 Docker、Docker 是什么、Docker 的发展等内容。

通过这一部分的介绍,读者能够快速对这些主流技术有一个宏观的了解。

Docker 与微服务基础

第 1 章

微服务架构概述

1.1 什么是微服务

我们先来看一下微服务之父 Martin 先生给微服务下的定义。

> The microservice architectural style is an approach to developing a single application as a suite of small services, each running in its own process and communicating with lightweight mechanisms, often an HTTP resource API. These services are built around business capabilities and independently deployable by fully automated deployment machinery. There is a bare minimum of centralized management of these services, which may be written in different programming languages and use different data storage technologies.

简单翻译一下，如 Martin 所言，将一个单体应用拆分成一组微小的服务组件，每个微小的服务组件运行在自己的进程上，组件之间通过如 RESTful API 这样的轻量级机制进行交互，这些服务以业务能力为核心，用自动化部署机制独立部署，另外，这些服务可以用不同语言研发，用不同技术来存储数据。以上便是微服务架构的特点。

或者以笔者自己的理解来看，所谓的微服务架构特征如下。

- 在分布式的环境中，将单体应用拆分成一组边界隔离、互相依赖的服务进程单元。
- 微服务之间的通信机制更轻量，包括但并不限于 RESTful。
- 微服务能够按照业务边界分割，自动化部署，自动化发布。
- 微服务的开发语言不限，落地数据形式也不限。

在微服务技术的演化和国内的推进上，很多人对此有不同的看法，也产生了一些误解。下面，我们就从微服务诞生开始梳理，带大家一起认识微服务。

简单说起来，微服务从早期的 CORBA、COM+等技术，到后来的 SOA 以及一度流行的 RESTful 架构，是一种一脉相承的分布式计算思想。

可以说，从最早的单机应用到后来的多级集群，自计算机软件诞生之初，就产生了关于分布式服务和分布式计算的需求。

下面一起来看看早期的一些分布式技术的实现。

1.1.1 CORBA

1989 年，CORBA 由 OMG 组织（成员包括 Unisys、Sun、Cannon、Hewlett-Packard 和 Philips 等）提出，提供了一种跨平台、跨语言的分布式协同规划。

最初，OMG 提出了对象管理体系结构 OMA，用来描述应用程序如何实现互操作，其中需要用到一个标准规范应用程序片段，即对象的互操作，于是促进了 CORBA 的诞生。

OMA 定义了组成 CORBA 的四个主要部分，具体如下。

- Object Request Broker（ORB），作为对象互通信的软总线。
- Object Services，定义加入 ORB 的系统级服务，如安全性、命名和事务处理。
- Common Facilities，定义应用程序级服务，如复合文档等。
- Application Interface，定义现实世界的对象和应用，如飞机或银行账户。

其中整个 OMA 体系中最重要的部分就是 ORB。

为了创建一个遵从 CORBA 规范的应用程序，ORB 是 CORBA 中唯一必须存在的部分。没有 ORB，CORBA 应用程序将无法工作。

CORBA 在 20 世纪末曾经红火过一阵，至今在很多银行和电信运营商的系统中依然能够看到它的影子，CORBA 的优点是能够提供跨语言、跨平台解耦服务，这一点看起来是不是和我们今天的微服务很像？

但是 CORBA 的问题在于，通信协议过于重量级，服务之间的契约依赖于代码共享的暴露和通信。更严重的是，CORBA 的部署过于复杂，笔者曾经亲眼看过一个 CORBA 模块的部署花费了半天时间，如今互联网时代快速和敏捷的迭代是不可能运行这种速度的发布机制的。

1.1.2 DCOM

DCOM 是微软为了对抗 CORBA 和 RMI 而发布的分布式计算框架，其基本结构如图 1-1 所示。

图 1-1 DCOM 基本结构

微软通过 DCOM 平台屏蔽了分布式环境下网络、通信协议、调用链等具体的问题，让各个组件通过依赖 COM 运行库达到在分布式环境下互相访问、互相协同的效果。

DCOM 的特点如下。

与语言无关。作为 COM 的扩展，DCOM 具有语言独立性。任何语言都可以用来创建 COM 组件，并且这些组件可以使用更多的语言和工具。Java、Microsoft Visual C++、Microsoft Visual Basic、Delphi、PowerBuilder 和 Micro Focus COBOL 都能够和 DCOM 很好地相互作用。

位置独立。DCOM 中的配置细节并不是在源码中进行说明的，DCOM 使得组件的位置完全透明，在任何情况下，客户连接组件和调用组件的方法都是一样的。DCOM 不仅无须改变源码，而且无须重新编译程序，一个简单的再配置动作就可以改变组件与组件之间相互连接的方式。

优化网络。DCOM 使得组件开发者能够轻易地执行批量技术而无须令客户端也使用批量形式的 API。DCOM 的 marshling 机制使得组件可以将代码加载到客户端，这叫作"代理对象"，它可以拦截多个方法调用并将其捆绑到一个远程调用中。如果需要的话，DCOM 甚至允许将组件插入任意一个传统的协议中，这个协议可以使用不在 DCOM 机制范围内的方法。组件可以使用传统的配置方法将任意的代理对象放到客户进程中，此进程也能够使用任何协议将信息传回组件。

负载均衡。DCOM 促进负载均衡的几种不同的技术包括并行配置、分离关键组件和连续进程的 Pipelining 技术等。

支持容错性。DCOM 在协议层面提供了对容错性的一般支持。DCOM 内置了高级的地址合法性检查（ping 机制），能够发现网络以及客户端的硬件错误。如果网络能够在要求的时间间隔内恢复，DCOM 就能自动地重新建立连接。

上面这些特点是不是与今天的微服务架构很类似呢？其实软件架构里的很多思想都由来已久，虽然这是一个并不古老的行业，但是回望历史总会带给我们很多启示。

1.1.3 RMI

RMI 是 Java 1.1 推出的分布式计算协议，其基本结构如图 1-2 所示。

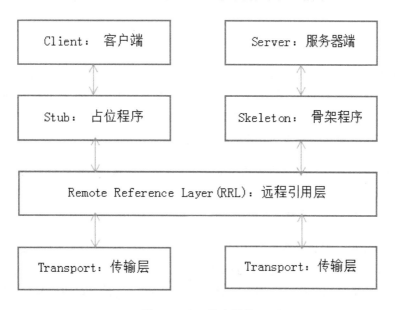

图 1-2 RMI 基本结构

如图 1-2 所示，在分布式环境下，不同服务的调用从客户端（Client）起，经占位程序（Stub）、远程引用层（Remote Reference Layer）和传输层（Transport）向下，传递给物理设备，然后再次经传输层，向上穿过远程引用层和骨架程序（Skeleton），到达服务器端（Server）。

占位程序扮演着"远程服务器对象的代理"这一角色，使该对象可被客户激活。远程引用层可用于处理语义、管理单一或多重对象的通信，决定调用应发往一个服务器还是多个服务器。传输层管理实际的连接，并且追踪可以接受方法调用的远程对象。服务器端的骨架程序完成对服务器对象实际的方法调用，并获取返回值。返回值向下经远程引用层、服务器端的传输层传递回物理设备，再向上经传输层和远程引用层返回。最后，占位程序获得返回值。

RMI 的主要特点如下。

面向对象。RMI 可将完整的对象作为参数和返回值进行传递，而不只是将其作为预定义的数据类型。也就是说，我们可以将类似 Java 哈希表这样的复杂类型作为一个参数进行传递。在目前的 RPC 系统中，我们只能依靠客户机将此类对象分解成基本的数据类型，然后传递这些数据类型，最后在服务器端重新创建哈希表。而 RMI 则不需要额外的客户程序代码（将对象分解成基本数据类型），便可直接跨网传递对象。

可移动属性。RMI 可以将属性（类实现程序）从客户机移动到服务器，或者从服务器移动到客户机，这样就能具备最大的灵活性，因为政策改变时只需要编写一个新的 Java 类，并将其在服务器主机上安装一次即可。

分层的设计方式。对象传递功能使我们可以在分布式计算中充分利用面向对象技术的强大功能，如二层和三层结构系统。如果能够传递属性，那么就可以在解决方案中使用面向对象的设计方式。所有面向对象的设计方式均依靠不同的属性来发挥功能，如果不能传递完整的对象（包括实现和类型），就会失去设计方式上的优势。

安全性高。RMI 使用 Java 内置的安全机制，保证下载执行程序时用户系统的安全。RMI 使用专门的安全管理程序，可保护系统和网络免遭潜在恶意下载程序的破坏。当情况严重时，服务器可拒绝下载任何执行程序。

便于编写和使用。RMI 使得编写 Java 远程服务程序和访问这些服务程序的 Java 客户程序变得轻松、简单。远程接口实际上就是 Java 接口。服务程序大约使用三行指令来宣布其本身是服务程序，别的方面则与其他 Java 对象类似。采用这种简单方法可以快速编写完整的分布式对象系统服务程序，并能快速地开发软件的原型和早期版本，以便进行测试和评估。因为 RMI 程序编写简单，所以维护起来也很简单。

可连接现有/原有的系统。RMI 可通过 Java 的本机方法接口 JNI 与现有系统进行交互。利用 RMI 和 JNI，就能用 Java 语言编写客户程序，还能使用现有的服务程序。在使用 RMI/JNI 与现有服务器连接时，可以有选择性地用 Java 重新编写服务程序的任何部分，并使新的程序充分发挥 Java 的功能。类似地，RMI 还可以利用 JDBC，在不修改使用数据库的现有非 Java 源代码的前提下，与现有的关系型数据库进行交互。

编写一次，到处运行。RMI 是 Java "编写一次，到处运行"方法的一部分。任何基于 RMI 的系统均可 100% 地移植到 Java 虚拟机上，RMI/JDBC 系统也不例外。如果使用 RMI/JNI 与现有系统进行交互，则采用 JNI 编写的代码可在任何 Java 虚拟机上进行编译、运行。

分布式垃圾收集。RMI 采用分布式垃圾收集功能收集不再被网络中任何客户程序所引用的远程服务对象。与 Java 虚拟机内部的垃圾收集功能类似，分布式垃圾收集功能允许用户根据自己的需要定义服务器对象，并且明确这些对象若不再被客户机引用便会被删除。

并行计算。RMI 采用多线程处理方法，可使服务器利用这些 Java 线程更好地并行处理客户端的请求。Java 分布式计算解决方案的内容是，RMI 从 JDK 1.1 开始就是 Java 平台的核心部分，因此，它存在于任何一台 1.1 版本之后的 Java 虚拟机中。所有 RMI 系统均采用相同的公开协议，所以，所有 Java 系统均可直接对话，而不必事先对协议进行转换。

RMI 作为早期的 Java EE 分布式计算协议，深刻地影响了后续 Java RPC 的发展，后来的 Hession，乃至今天的 Dubbo，身上都有 RMI 的影子。但是 RMI 不支持跨语言开发，这是它发展过程中的一个硬伤。

1.1.4 SOA

时间到了 2008 年，SOA 火遍大江南北。

SOA（Service-Oriented Architecture，面向服务的体系结构）是一种思想、一种方法论、一种分布式的服务架构。在复杂的企业环境下，SOA 可以解决多服务凌乱问题，解决数据服务的复杂问题，同时可以进行服务治理。

从服务自治可以看出，提出服务必须自治的原因在于，服务是受管制的。在实际业务活动中，不同的服务是被不同的部分管理的，比如定价服务归属财务系统管理，库存归属仓库系统管理，涉及系统之间调用协调的不能自行使用同步 RPC，而是需要使用异步消息解耦机制。

实现服务真正自治，实际上就是解决类之间的依赖耦合问题，常见的分布式协同是利用消息通信的，SOA 主要依赖两种消息机制来解决分布式协同问题，分别是基于请求响应的 Web 契约协议和基于事件 EDA 的企业服务总线。

Web 契约协议，基于请求响应。包括基于 HTTP 和 XML 的通信协议（SOAP）、服务接口描述语言（WSDL），以及服务查找接口（UDDI）。

企业服务总线（ESB），基于事件 EDA。ESB 用于设计和实现软件应用之间交互和通信的体系架构模型。

大家常见的 RabbitMQ、RocketMQ、MuleMQ 就是 ESB 的实现，而 WSDL、Hession、SOAP 则是 Web 契约协议的实现。

另外，我们常说，微服务是轻量级的 SOA，或者说，SOA 是重量级的微服务。

重在哪里？因为它不是"communicating with lightweight mechanisms"（基于轻量级机制交互）的。微服务强调服务之间用 HTTP 的轻量级 API 进行交互，或者可以说用基于 RESTful 的 API 来传输报文，而不是在四层网络协议之上传输序列化对象的重报文。

微服务强调去中心化，而 SOA 中所有的组件都粘连在 ESB 上，通过 ESB 实现服务解耦与编排，ESB 就是 SOA 的核心。笔者见过很多大型企业的系统架构遭遇 ESB 宕机，后果是难以想象的。

SOA 的最细颗粒是组件，这是来自 CORBA 及 COM+时代的传递，我们可以把组件看成一个个门面，其中隐藏了很多的内部实现，在外层暴露了几个 API。而微服务强调更细颗粒度的拆分，将组件中的模块向下拆分为统一内聚的微服务，一个组件就能拆分成若干个微服务，而若干个相关联的微服务可能共享中间件，协同对外输出服务。怎么样？是不是有点类似于 Kubernetes 中的 Pod？

通过 SOA，我们能拆分系统，实现大规模系统应用，这是 SOA 的优点。但是另一方面，当我们从传统的 SOA 走向微服务时，就会将服务越拆越多，部署图也越画越复杂，服务之间的耦合是降低了，但是随着拆分的细化，部署和运维的工作量却呈几何级增长。针对某一个单体应用，或者针对一个 SOA 环境下的有限组件，打包、编译、测试、部署都是简单的行为。但是面对上百个微服务，如何打包，如何将正确的配置打包到正确的环境，如何将合适的编译好的 war 包发布到合适的环境，如何监控，如何收集日志，如何自动化测试，这些问题都要依赖于基于 Docker 的 DevOps 平台来解决。

具体说来，把应用拆分成一个一个不依赖于任何服务器和数据模型的全栈应用，使其可以通过自动化方式独立部署，每个服务可以运行在自己的进程或者 Docker 容器中，通过轻量的通信机制联系，能够基于业务能力快速构建，能够动态扩容，能够实现集中化管理的系统架构。这就是从 CORBA 到 SOA，一直到今天微服务时代的技术梦想。

注意！

真理的辨识：Dubbo 不是微服务。

有很多程序员对此有误解，认为 Dubbo 是微服务。

比照 Dubbo 的架构和微服务的要点，我们可以看到，Dubbo 更类似于 RMI，只是一种基于 Java 的 RPC 框架。它的接口不够轻量。通过 TCP 协议进行 RPC 通信，原生的 Dubbo 框架还不支持 RESTful API。

第一，它对跨语言开发不友好。原生 Dubbo 不支持跨语言开发，也没有类似 Spring Cloud 的 SideCar 机制。可以说，Dubbo 只能充当 Java 本身的 RPC 框架，想要"走出去"太难。

第二，Dubbo 过分依赖于 ZooKeeper 组件。ZooKeeper 本身是 CP 的中间件，而不是 AP 的。其类似于 SOA 中的 ESB，是系统的一个中心。具体内容本书后面会谈到。

所以，笔者更喜欢将 Dubbo 看成一个纯粹的 RPC 框架，在系统架构中，可以考虑用 Dubbo 实现下层的局部 Java 应用的服务治理，然后在更上一层用 API 网关实现基于 RESTful 的微服务治理。

1.2 为什么要使用微服务

要想搞清楚微服务是什么，它从哪里来，到哪里去（经典的哲学三问题，在架构领域一样很重要），首先就要想清楚，为什么要使用微服务。

在学术上来说，微服务是为了解决 **scale cube**（扩展立方）上的三维扩展问题，以及分布式动态伸缩架构中的问题而提出的思想。

那么，到底什么是 scale cube 呢？下面具体来看。

1.2.1 scale cube

我们可以将三个坐标轴上的扩展看成一个 scale cube，如图 1-3 所示。

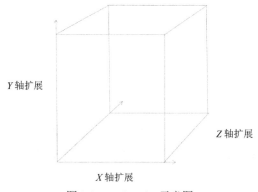

图 1-3　scale cube 示意图

图片来源：http://microservices.io/articles/scalecube.html

X 轴扩展

X 轴的扩展，由负载均衡器后运行的多份拷贝构成。如果有 N 份拷贝，则每份拷贝处理 $1/N$ 的负载。这是一个简单常用的伸缩应用方式，也是很多小型公司通常采取的做法，比如在一台 Nginx 后面挂载许多 Tomcat，每个 Tomcat 就是一个相同的单体应用的拷贝。

这个方法的缺点是，由于每份拷贝都会潜在地访问所有数据，因此缓存需要更大才能更加有效。另一个问题是，这个方法并没有降低不断增加的开发和应用的复杂度。

X 轴的扩展，一般也被称为应用的横向扩展或者水平扩展。它虽然保证了单一节点失效下的高可用性，但是没有解决单体服务开发和维护复杂的问题。

Y 轴扩展

不同于 X 轴运行多个完全相同的应用的方式，Y 轴扩展将应用划分成了多个不同的服务。每个服务负责一个或多个紧密相关的功能。

将应用分解为多个服务的方法有很多。

一种方法是使用动词进行分解，使服务实现单个用例，如将支付拆分成支付服务，将交易拆分成交易系统，将登录拆分成登录系统等。

另一种方法是通过名词来进行分解，服务负责实现与特定实体相关的所有操作，如一个系统中有客户、厂商、银行、监管部门等客体名词，那么我们就可以把系统拆分成客户服务、厂商服务、银行服务、监管部门服务等。

在真实生产环境下，常见的分解方式是动词分解和名词分解的混合。

Y 轴将服务纵向拆分开,但是每个服务都只有一份,没有考虑分区失效下的高可用问题,即忽略了 CAP 理论中的分区容错性(partition tolerance)。

Y 轴扩展一般被称为业务扩展,或者垂直扩展。

Z 轴扩展

当使用 Z 轴扩展时,每个服务器运行一份完全相同的代码。从这个角度来说,它与 X 轴扩展类似,最大的区别在于数据集的划分不同。每个服务器只负责处理整体数据的一个子集,系统的最前端有一个带状态的分发器,负责将请求路由到合适的服务器上。

一个常用的路由标准是请求的属性,如被访问的实体主键。比如在生产中,我们在 Nginx 上进行灰度发布,根据客户的 ID 取模的结果,我们可以将特定用户路由到指定主机上。

另一个常用的路由标准是客户类型。例如,应用可以将付费客户的请求路由到处理能力更强的服务器上,很多云平台就有优先扩容和排队高级用户动态路由的功能。

我们说,如果 X 轴扩展是应用的横向扩展,Y 轴扩展是应用的纵向切分,那么 Z 轴扩展就是不同数据维度的分区拆分。

为了保持一个单体应用的高可用性,我们可以横向增加无数个同型节点来增加其冗余性,这就是 X 轴扩展。为了解耦和拆分,我们在纵向将其拆分成无数个微服务,这就是 Y 轴扩展。而要想做到按数据拆分,就要用到 Z 轴扩展。同时对单体应用做到 X、Y、Z 三轴扩展,我们就可以说,该单体架构已经成为一个合格的大规模微服务架构了。

图 1-4 展示了我们常说的微服务的发展历程,早期的单体应用单块架构可以看成 scale cube 的原点,后来有了垂直架构,便有了类似于 Y 轴扩展的思想。再后来有了 SOA 架构,粗颗粒度的 Z 轴扩展思想开始显现。再到今天有了微服务架构,内聚原子化,可以说真正实现了细颗粒度的 Z 轴扩展。

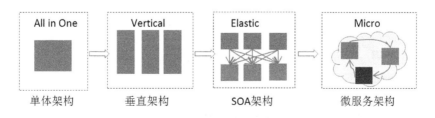

图 1-4 微服务的发展历程

正如 *Pattern: Microservice Architecture*[1]一文中指出的，伴随着互联网系统功能的爆发和系统分层切块的演变，系统越来越复杂，调用链也越来越复杂，传统的单体应用无法适应这种变化，因此微服务的思想逐渐产生。

传统企业需要几个月或半年完成的任务，在互联网时代常常要求一周完成，不断伸缩的业务形态和不断要求缩短的开发周期，促使我们要在 Z 轴上扩展伸缩系统的柔韧性。

那么具体怎么达成 Z 轴的扩展呢？按照 *Pattern: Microservice Architecture* 一文中所述，我们首先需要将服务拆分成前置服务和业务服务，这是在 Y 轴上进行的扩展。在 X 轴上，我们需要在前端加上 SLB，用一组相同的前置服务组成集群提供服务。

同时，在微服务最前端的 API Gateway 上，通过 API Gateway，我们可以动态分流请求，从业务上分，或者从地域上分，将不同的流量导引到不同负荷、不同压力的相同 FrontService 上，这样就能最终达成 Z 轴扩展。

我们拿一个常见的互联网公司的静态逻辑架构来举例，在垂直方向上，我们可以把系统切分成五层，如图 1-5 所示。

图 1-5 静态逻辑架构分层

---

1 http://microservices.io/patterns/microservices.html

应用层

面向 EndUser（客户）的最终软件交付物，直接暴露给互联网的各种 App、Web 站点以及 Wap 站点。

前置服务层

各种重业务的聚合入口，对具体应用层入口做了大量的工作，实现了业务调用链条的封装，达成了业务逻辑的强实现。

业务服务层

包含各种基础的业务服务单元，比如借款系统、还款系统、征信系统、活动系统、爬虫系统、引流系统、文件系统等。

基础服务层

不包含状态的基础业务服务，包括但不限于短信网关（SMS）、文件网关（File）、服务监控（Monitor）等。

数据层

包括各种形态的数据存储层，但不限于各种数据库、缓存、消息队列等。

1.2.2 API 网关

正如前文所说，在传统的 X 轴扩展中，我们用一个傻瓜式的 Nginx 来实现 SLB 就可以。但是微服务中为了动态扩容、削峰填谷，我们需要智能地管理和熔断各个维度的入口请求，所以就要引入 API Gateway（API 网关）的概念。

在动态架构图上，API 网关架设在应用层和前置服务层之间，是服务集群暴露在公网上的统一入口。在一般的物理架构中，可以直接挂载在硬件防火墙后面（很多大型应用可以考虑去掉硬件防火墙，用交换机直接对接 API 网关）。

一个常见的 API 网关的逻辑架构如图 1-6 所示，API 网关采用 OpenResty 二次定制的方式，实现了防攻击（WAF）、灰度发布（或称金丝雀发布）、流量监控、降级、动态扩容、熔断、限流等功能，后端对接了前置服务。

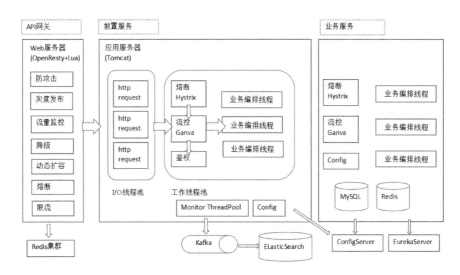

图 1-6 API 网关的逻辑架构

API 网关本身采用 Redis 集群挂载和访问热点资源（Hot Data）的方式提供吞吐量。

前置服务采用 Tomcat 部署，可以利用 Servlet 3 异步并发模式，将 I/O 线程池和工作线程池解耦，实现高性能。

工作线程池使用 Hystrix 和 Ganva 实现应用级的熔断和流控，然后调用一系列重业务逻辑的业务编排线程，请求后置的各种业务服务。同时，工作线程池采取异步写 Kafka 的模式，将服务调用链追踪记录到 ELK 中，实现服务请求链的实时追踪和分析。

考虑到业务服务中各种技术选型并存（在大公司中很正常）的情况，可以利用 Euraka 和 SideCar 机制实现跨语言、跨 RPC 框架的服务治理。

动态来看，一个微服务的整体逻辑架构基本上就是这样的。当然，每项技术特性都要用很多不同的技术手段才能实现，比如 API 网关就有 Zuul、Kong、Orange 等，请求链追踪则有 CAT、Zpkin、Pinpoint 等。下面会具体讲到不同技术选型的优缺点。

总结一下，常见的 API 网关的主要作用有以下几点。

统一对外接口。 当用户需要集成不同产品或服务之间的功能，调用不同服务提供的功能时，通过 API 网关可以让用户在不感知服务边缘的情况下，利用统一的接口组装服务。对于公司内部不同的服务而言，提供的接口可能在风格上存在一定的差异，通过 API 网关可以减少这种差异。当内部服务被修改时，可以通过 API 网关进行适配，不需要调用方进行调整，可以降低对外暴露服务的风险，增加系统安全性。

统一鉴权。通过 API 网关对访问进行统一鉴权，不需要每个应用单独对调用方进行鉴权，应用可以专注于业务。

服务注册与授权。控制调用方，使其明确可以使用和不可以使用的服务。

服务限流。对调用方调用每个接口的每日次数及总次数进行限制。

全链路跟踪。通过 API 网关提供的唯一请求 ID 可以监控调用流程，以及调用的响应时间。

要想了解关于微服务的更多内容，推荐大家去以下网站学习微服务之父博客中的内容，链接为 http://microservices.io。

1.3　微服务架构设计原则

架构分层有不同的方法论。流行的 ToGaf 一般会把 EA（企业架构）分成五层或者六层。如图 1-7 所示，笔者习惯于把软件架构分成四个层次，每个层次的关注点有所不同，下面几节具体阐述。

```
┌─────────────────────┐
│      业务架构        │
├─────────────────────┤
│      逻辑架构        │
├─────────────────────┤
│      技术架构        │
├─────────────────────┤
│      基础架构        │
└─────────────────────┘
```

图 1-7　软件架构分层示意图

1.3.1　业务架构

业务架构层的主要参与者是产品经理和运营人员。

这一层主要关心的是产品的设计——公司一共有几条产品线？每条产品线怎么分割？产品的收费模式如何？产品的主要功能特性是什么？

有很多程序员不重视这一层次的架构，但其实从公司的运营、现金流、顶层设计等角度来说,这一层次的架构设计远远比下层的技术实现更为重要。甚至可以说,如果没有设计好这一层产品线的运营模式,技术实现得再好,公司到最后还是会倒闭。

所以笔者真心觉得,对于中小型互联网公司而言,所有的技术经理和架构师都应该早早地介入这个层次的设计,对理解公司业务规划,以及反过来切合业务进行架构设计都有好处。毕竟,我们绝大多数人都是在为业务服务,难道不是吗?

1.3.2 逻辑架构

逻辑架构层的主要参与者是技术经理和架构师。

这一层主要关心的是如何将业务架构的组件落地使其成为一个个服务中心和应用单元,各个服务的边界如何切分,服务和服务之间如何编排,哪些服务要作为基础服务下沉,以及哪些服务要作为前置服务对外暴露。

前面已经介绍了微服务的相关知识,下面来看一下服务的编排模式,一般有以下几种。

聚合微服务设计模式

这是一种最常见也最简单的设计模式,聚合器调用多个服务实现应用程序所需的功能。它可以是一个简单的 Web 页面,将检索到的数据进行处理并展示,也可以是一个更高层次的组合微服务,为检索到的数据增加业务逻辑后进一步将其发布成一个新的微服务。

另外,每个服务都有自己的缓存和数据库,可以从数据上避免紧耦合。同时,如果聚合器是一个组合服务,那么它也应该有自己的缓存和数据库,因此,该聚合器可以沿 X 轴和 Z 轴独立扩展。聚合微服务设计模式的具体结构见图1-8。

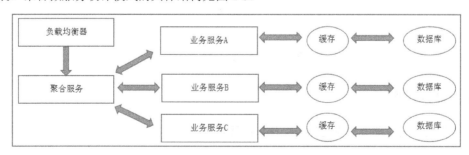

图1-8 聚合微服务设计模式的具体结构

代理微服务设计模式

代理微服务设计模式是聚合模式的一个变种,在这种情况下,客户端并不聚合数据,但会根据业务需求的差别调用不同的微服务。代理可以委派请求,也可以进行数据转换,该模式的具体结构如图1-9所示。

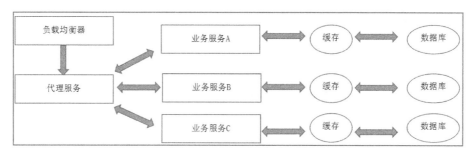

图1-9 代理微服务设计模式的具体结构

链式微服务设计模式

链式微服务设计模式的具体结构如图1-10所示,这种模式在接收到请求后会产生一个经过合并的响应,在这种情况下,业务服务A接收到请求后会与业务服务B进行通信,类似地,业务服务B会同业务服务C进行通信,依次链式调用。

同时,所有服务都使用同步通信模式,在整个链式调用完成之前,客户端会一直阻塞。因此,这种模式下的服务调用链不宜过长,以免客户端请求超时。

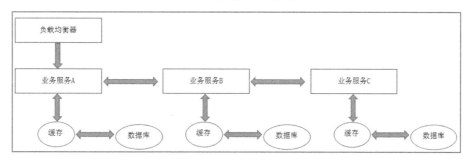

图1-10 链式微服务设计模式的具体结构

分支微服务设计模式

分支微服务设计模式的具体结构如图1-11所示,这种模式是聚合器模式的扩展,允许同时调用两个微服务链。

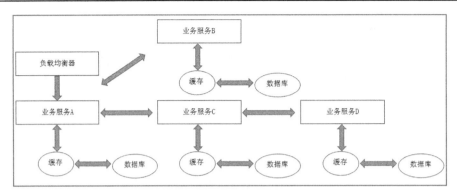

图 1-11　分支微服务设计模式的具体结构

数据共享微服务设计模式

自治是微服务的设计原则之一，但在重构现有的"单体应用（monolithic application）"时，SQL 数据库反规范化可能会导致数据重复和不一致。因此，在单体应用到微服务架构的过渡阶段，可以使用数据共享微服务设计模式。

在这种情况下，部分微服务可能会共享缓存和数据库存储，不过只有在两个服务之间存在强耦合关系时才可以。对于基于微服务的新建应用程序而言，严禁使用此模式来组织服务。

该模式的具体结构如图 1-12 所示。

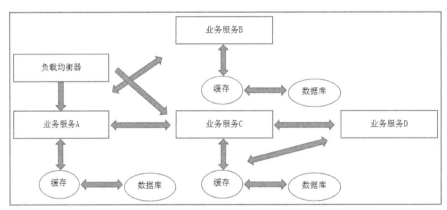

图 1-12　数据共享微服务设计模式的具体结构

异步消息传递微服务设计模式

虽然 REST 设计模式非常流行，但它是基于同步机制的，会造成调用链阻塞。所以在异步场景下，基于微服务的架构可能会选择使用消息队列代替 REST 请求/响应，异步消息传递微服务设计模式的具体结构如图 1-13 所示。

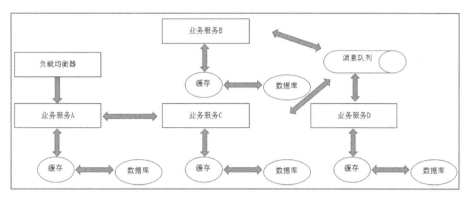

图 1-13　异步消息传递微服务设计模式的具体结构

1.3.3　技术架构

技术架构层的主要参与者是程序员、测试员、技术经理和架构师。

这一层当然还可以细分为开发架构、运行架构、数据架构。对于绝大多数程序员来说，我们日常主要关注的就是这一层。

但是，我们对于这一层会有很多理解上的误区。比如，很多程序员会认为技术架构就是 Spring Boot、Spring Cloud 之类的框架，其实它们只是技术架构的子集。

技术架构包括以下几点。

- 服务治理框架

- 各种开源框架的二次封装

- 代码开发规范

- 代码检查和日编译

- Maven 规范和治理

- 各种定制的中间件

- 数据表的设计

- 数据逻辑库的拆分

对于技术架构，我们可以简单地对其做出如下定义。

技术架构 = 业务代码架构 + 业务数据设计 + 各种中间件 + 各种技术框架

而对于微服务下的技术架构而言，服务治理、服务 RPC 框架、CI/CD、Docker 的轻量级发布、自动化编译、DevOps 的全流程自动化等，主要就作用于这一层。

1.3.4　基础架构

基础架构层的主要参与者是运维工程师、网络工程师、架构师。

基础架构包含物理机、网络、机架、防火墙、交换机、WAF、磁盘阵列。如果使用了 OpenStack 和 KVM 之类的虚拟化技术，那么还要把对虚拟机的管理和分配也考虑进去。

当然，Docker 的底层虚拟化技术从某种意义上来说也可以看成基础架构的一部分。这一层一般远离程序员，穿梭在黑洞洞的机房和网络跳线中间。所以很多程序员出身的架构师在实现微服务和 Docker 架构时会忽视这一块，但其实往往在真正用 Docker 的过程中，出问题的也都在这里。

我相信很多 Docker 应用中的"坑"也都在这里。比如，很多架构师在做 Docker 规划的时候，往往会忽视网络选型和存储选型。也许上层的应用架构和技术架构都做得很漂亮，但是因为没有坚实的物理层做支撑，最后的下场往往是悲惨的，这也是笔者曾经亲身经历过的惨痛教训。

对于很多中小型公司和没有资深网络专家的公司而言，要想解决以上问题，一个合适的办法是采用收费版的私有云或者公有云平台来代替自建基础组件。比如，可以用 VMware 收费版搭建私有云平台，在此基础上搭建 Docker 云平台，然后在其上插拔各种 DevOps Pipeline。当然，其实我们也可以直接使用阿里云和腾讯云的服务，现在主流的云厂商针对 DevOps 和 Docker 提供的服务都非常完美。

总而言之，我们如果将微服务和基础架构放在一起考量，就会发现，基础架构在整个微服务中起到了底层的基石作用。

微服务与云基础平台的设计模式如图 1-14 所示，在云基础平台上，我们主要进行资源管理和平台调度，这种资源可以是 Docker，可以是 Unikernel，也可以是传统的 VM。在上层的 DevOps 平台上，我们主要搭建云基础 PaaS 平台，向上支撑 SaaS 服务的持续规划、持续设计、持续集成、持续发布、持续监控、持续运维。在最上面的微服务层，我们要按照业务进行切分，实现边界清晰内聚的一系列微服务，然后将微服务编排成 SaaS，对外输出业务服务能力。

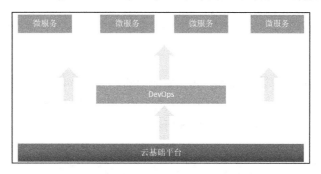

图 1-14　微服务与云基础平台设计模式

高楼万丈平地起，大海无边百川融。

高楼万丈平地起，古树千年幼苗成。

忽视基础层的架构，最后导致上层应用层和服务层彻底失败的案例实在是数不胜数，所以衷心希望所有做 Docker 架构的架构师，特别留心这一点，具体说来有以下建议。

- 可以寻找专门的网络专家加入团队。
- 在成本无法承担聘请全职专家的情况下，聘请兼职的专业顾问也是可行方案。
- 也可以直接使用收费版的公有云或私有云方案。

1.4　从单体到微服务

所有架构师都希望接手一个全新的项目，一切从零开始，按照 Spring Cloud 的架构指南，自然切分改造成微服务架构。

但是愿望是美好的，现实是残酷的，对于很多架构师而言，往往接手的是一个个单体应用，或者是已经切分了一半的、乱成一团麻的微服务架构，面对这种情况，架构师应该怎么办呢？

全部重写是绝对不能采用的策略，除非你要集中精力从头构建一个基于微服务的应用。道理很简单——成本不可控、业务不会停下来等你，就好像互联网公司常说的，老板找你来是想让你给飞行中的飞机换引擎，而不是为一架不能飞的飞机制造引擎。

而且，全部重写虽然听起来很有吸引力，但是风险很大，很有可能会失败。几乎没有人能保证几十万行的代码重写以后没有 Bug。更何况一旦重写得不好，就会机毁人亡，全盘皆输。

从方法论上来说，我们应该循序渐进地重构单体应用，可以逐步构建一个部分微服务化的应用，然后和单体应用集成起来。单体应用的实现功能会逐渐变少，最终消失或变成一个新的微服务组件。

Martin Fowler 称这种应用现代化的策略为 Strangler Application。这个名字来源于在热带雨林中发现的一种植物 strangler vine，为了获得充足的阳光，它们绕树生长，一直向上，当树木死后，只会留下一个树形的藤蔓，如图 1-15 所示。

图 1-15　strangler vine

应用的现代化策略与 strangler vine 的生长模式类似，我们会在旧的应用上构建一个新的包含微服务的应用，慢慢取代旧的应用。下面一起来看看基本的做法。

1.4.1　止损

当单体应用已经变得无法管理时，不能再继续扩大它的规模。比如，你想添加新功能，这时不能在单体应用中添加代码，而是要将新的代码放在另一个单独的微服务中，这种方式被称为止损，其架构如图 1-16 所示。

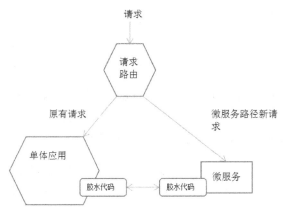

图 1-16　止损架构

除了新服务和旧的单体应用，要想达成此目标，还需要两个组件。

一个是请求路由（request router），用来处理收到的请求（比如 HTTP），类似于 API 网关。这个路由发送与新功能相应的请求到新服务上，将与旧服务相关的请求路由到单体应用上。

另一个是胶水代码，用来将服务与单体应用集成起来。一个服务很少单独存在，需要访问单体应用的数据，而胶水代码就负责将这些数据集成起来，微服务组件可以通过它来读/写单体应用中的数据。

一个胶水代码可以通过三种方式访问单体应用中的数据，具体如下。

- 通过调用单体应用提供的远程 API。
- 直接访问单体应用的数据库。
- 保存一份数据的副本，和单体数据库保持同步。

运用这种模式，我们可以降低成本，同时对原有架构低侵入地慢慢完成向微服务架构的迁移。

1.4.2 前后端分离

缩减单体应用的一个策略是，将表现层从业务逻辑层和数据访问层中分离出来。一个典型的 Web 应用至少包括三种组件，具体如下。

- View：这层组件用来处理 HTTP 请求，实现 API 或者基于 HTML 的 Web UI。在一个有着复杂用户接口的应用中，View 上通常有大量的前端代码。
- Controller：应用的核心代码，用来实现业务规则。
- Module：访问数据库的组件。

这三层的组件之间通常有着明显的区别。

Controller 是一个粗颗粒度的业务 API 实现，我们可以在此做文章，将 Controller 的业务逐渐转移到微服务上，这样一来，对于 View 层而言，它只需在 API 上进行路由，就能正确调用后端的 Controller 层代码了，并且可以被整合到 Controller 层代码中。

经过前后端分离改造后的架构如图 1-17 所示。

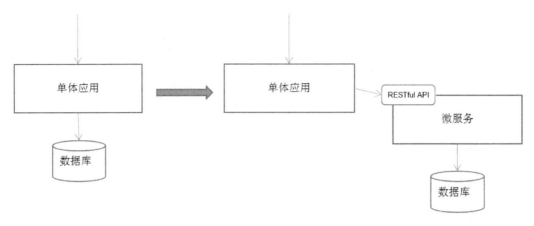

图 1-17　前后端分离架构

这样做主要有两个好处：第一，对于 View 层开发者来说，他们可以实现用户界面的快速迭代，A/B 测试也很容易实现；第二，可以按业务逐渐平滑地切换到微服务上去。

1.4.3　提取服务

在以上模型的基础上，我们可以将单体应用中的模块转变为单独的微服务。每次提取一个模块，就将其改造为微服务，这样单体应用的部分就缩减了。

一旦转化了足够多的模块，单体应用自然而然便会消失，然后变成一组互相依赖的微服务。

对于一个大型的复杂单体应用而言，选择先提取哪个模块，这是一个问题。可以从容易被提取的模块开始，积累微服务的经验，最后"消灭"那些重业务的核心功能。

同时，寻找那些和其他功能业务重合度低、耦合度低，且自身变化较为缓慢的基础业务，将它们拆分成微服务，这也是一个很好的入手点。

决定了拆分哪个应用，下面就要划清这个应用的边界了，将边界和接口梳理清楚。可以通过领域模型确定哪些边界应该包含进来，哪些不能包含进来，哪些接口需要同步化，哪些则需要异步化，以及服务的颗粒度应该如何把握。

图 1-18 展示了提取服务的架构演化，我们可以看到一个架构在改造前、改造中和改造后的样子。

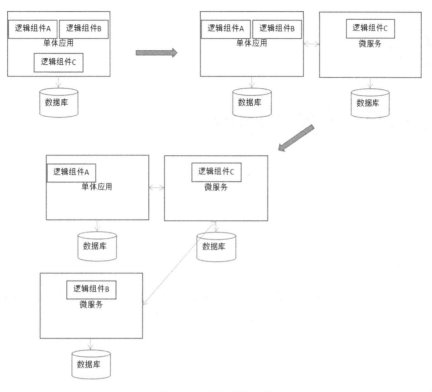

图 1-18　提取服务架构

一旦提取了一个模块,就可以独立地开发、部署和扩展它了,甚至可以重写这个模块。而每次提取一个模块,都是向着微服务架构又迈进了一步,单体应用的比重便会逐步缩减。

第 2 章

微服务中的技术选型

为了实现微服务的架构体系,或者说为了将单体应用改造成微服务架构,我们需要使用一系列合适的工具。

本章介绍的很多工具和框架都是技术架构范畴的内容,也许和本书想切入的 Docker 主题看似无关,但是,以笔者从事微服务、容器云、DevOps 的经验而言,如果不先考虑这些内容,很容易造成基础架构和技术架构的脱节,架构师、技术经理、运维经理各说各话,最后的微服务和 DevOps 肯定是失败的。

顶级的大公司往往有专门的架构组负责自主研发架构体系,但是对于一般的中小型企业,选择合适的开源工具显然更接地气。本章将简单介绍一些常用的微服务中的开源工具,希望能为大家在进行技术选型时提供一些思路。

多说几句题外话。笔者见过很多程序员,他们的工匠思维过于根深蒂固,一谈起技术,就说起技术框架,一说起技术框架,就具体到 Sprint Boot,一具体到 Spring Boot,就开始大段大段地"背诵"源码和配置文件。

不是说这样做不对,毕竟做工程的人把工具用好还是很有必要的。但是我们更希望程序员们不要局限于工匠思维,应该将思维从底层的工具中释放出来,先去想想这个工具有哪些功能、特性,它的技术原理是什么,为什么要选用这个技术实现,其技术实现和自己的业务线契合不契合。不要一遇到问题就扎进代码中。

至于一项技术怎么用,怎么整合,笔者的建议是多阅读 GitHub 上的 wiki,并直接阅读源码,以此进行学习。很多时候,这种第一手资料都是最有效、最有冲击力的。

常见的微服务架构中的主要技术框架选型如表 2-1 所示，下面让我们具体来看一下。

表 2-1　微服务架构的主要技术框架选型

类　　型	框　　架
服务治理	Dubbox、Motan、Spring Cloud、HSF、Tars
服务网关	OpenResty、Orange、Kong、Zuul
服务注册发现	ZooKeeper、Eureka、etcd、Consul
配置中心	SpringConfig+Git、Diamond、DisConf、Apollo
APM	Pinpoint、OneAPM、Zipkin、CAT
服务限流降级	Hystrix+Guava、Consul+计数器

2.1　服务治理

2.1.1　Dubbo

不用多说，以 Dubbo 为原型的 RPC 调用框架，是国内程序员的必备良品。由于国内受众群体巨大，因此在 Docker 落地时，绝大部分容器里面使用的框架都是 Dubbo。

原生态的 Dubbo 存在着社区不繁荣和具有大量 Bug 的问题，所以落地的时候，大家都使用 Dubbo 的改良版 Dubbox。但是自去年以来，因为 Spring Cloud 的兴起，Dubbo 官方社区也开始重新活跃起来。

从 Dubbo 官方的 release 清单（https://github.com/alibaba/dubbo/releases）中可以看到，Dubbo 的进化主要集中在吸收一些社区常年抛出的 Bug、性能优化，以及对接 Spring Boot 这样的最新框架上。

经典的 Dubbo 逻辑架构如图 2-1 所示。

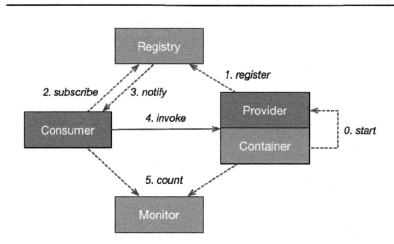

图 2-1 经典的 Dubbo 逻辑架构

Dubbo 中各个组件模型的调用关系如下。

- 服务器负责启动、加载、运行提供者（Provider），例如，在 Tomcat 容器中启动 Dubbo 服务器端。

- 提供者在启动时向注册中心注册自己提供的服务。

- 消费者（Consumer）启动时向注册中心订阅自己所需的服务。

- 注册中心返回提供者地址列表给消费者，如果有变更，注册中心将基于 TCP 长连接推送变更数据给消费者。

- 消费者从远程接口列表中调用远程接口，Dubbo 会基于负载均衡算法选取一个提供者进行调用，如果调用失败就选择另一个。

- 消费者和提供者在内存中累计调用次数和调用时间，定时每分钟发送一次统计数据到监控中心（Monitor），可以在 Dubbo 的可视化界面上看到。

下面具体来解释一下 Dubbo 通过 Registry 解耦服务提供者和消费者的过程。

Consumer 是服务的消费者，Provider 是服务的提供者，Container 是服务容器。消费者基于 TCP 协议 invoke 提供者，具体说来就是序列化对象参数，基于 TCP 协议同步调用服务生产者远程方法。

同时，在调用过程中，消费者和提供者都是以集群形式存在的，消费者可以根据负载均衡策略调用一组服务提供者中的任一实例。Dubbo 默认支持的 SLB 有以下几种。

Random LoadBalance

随机，按权重设置随机概率。在一个截面上碰撞的概率高，但调用量越大分布越均匀，而且按概率使用权重后分布也比较均匀，有利于动态调整提供者权重。

RoundRobin LoadBalance

轮循，按每台机器响应速度的权重设置轮循比率。存在慢提供者累积请求的问题，比如，某台机器因自身性能问题导致响应很慢，但没有故障，当请求调到这台机器时就会卡住，久而久之，所有请求都会卡在这台机器上。

LeastActive LoadBalance

最少活跃调用数，根据不同服务生产者的当前调用数统计分发，可以使当前连接数较多的提供者收到更少的请求，而使当前连接数较少的提供者优先收到更多的请求。这种负载均衡策略在 Nginx Plus 收费版本中也存在。

ConsistentHash LoadBalance

一致性 Hash，相同参数的请求总是会发送到同一提供者处。当某一台提供者机器发生故障时，原本发往该提供者的请求会基于虚拟节点平摊到其他提供者处，不会引起剧烈变动。

在现有的微服务架构下，Dubbo 只能说是一个服务治理框架，或者说是一个 RPC 框架，如果直接用 Dubbo 来实现微服务架构，还缺少以下几个功能。

- 分布式配置：可以使用 DiamondX、Disconf、Apollo 等来实现。
- 服务跟踪：可以使用 Pinpoint、CAT、Zipkin 等来实现。
- 批量任务：可以使用当当网开源的 Elastic-Job 来实现。

同时，Dubbo 本身的 RPC 框架也有一部分功能缺失，具体如下。

- 服务提供方与调用方的接口依赖方式太强。

  调用方与提供方的抽象接口存在强依赖关系，需要严格管理版本依赖才不会出现因服务方与调用方不一致而导致的应用无法编译成功等一系列问题。

- 服务对平台敏感，难以简单复用。

通常我们在提供对外服务时，都会采用 REST 的方式，这样可以实现跨平台的特性。在 Dubbo 中，当我们要提供 REST 接口时，不得不实现一层代理，用来将 RPC 接口转换成 REST 接口并对外发布。所以当当网后来在基于 Dubbo 的开源框架 Dubbox 中增加了对 REST 的支持。

2.1.2 Spring Cloud

"如火如荼"用来形容 Spring Cloud 在行业内的现状非常合适，可以说 Spring Cloud 是目前最主流的微服务架构落地方案之一。

相比 Dubbo 系列，Spring Cloud 是一个全家桶，是微服务的整体技术栈。

Spring Cloud 是一个基于 Spring Boot 实现的云应用开发工具，它为基于 JVM 的云应用开发中的配置管理、服务发现、熔断器、智能路由、微代理、控制总线、全局锁、决策竞选、分布式会话和集群状态管理等操作提供了一种简单的实现方式。

正如我们前面所说的，微服务是可以独立部署、水平扩展、独立访问（或者有独立的数据库）的服务单元，而 Spring Cloud 就是这些微服务的"大管家"，采用了微服务这种架构之后，项目的数量会非常多，调用链路繁杂，从而无法管理，而 Spring Cloud 框架恰恰提供了各种技术用来管理和治理微服务。

下面简单介绍一下 Spring Cloud 中的核心模块，具体如下。

Spring Cloud Netflix

这是 Spring Cloud 的核心组件，各项服务都依赖它。它与各种 Netflix OSS 组件集成，组成了微服务的核心，其主要派生组件有 Eureka、Hystrix、Zuul、Archaius 等。

Netflix Eureka 这是一个基于 REST 的服务，用于定位服务，实现服务发现和故障转移，也是 Spring Cloud 的服务中心，类似于 Dubbo 的 ZooKeeper。

Eureka 具有如下特性。

- 基于 Servlet 应用，须构建成 war 包部署。

- 使用了 Jersey 框架实现自身的 RESTful HTTP 接口。

- Peer 之间的同步与服务的注册全部通过 HTTP 协议实现。
- 定时任务（发送心跳、定时清理过期服务、节点同步等）通过 JDK 自带的 Timer 实现。
- 内存、缓存使用 Google 的 Guava 包实现。

同时我们常说，和 ZooKeeper 相比，Eureka 的服务治理是 AP 的而不是 CP 的。

Netflix Hystrix　这是熔断器，是容错管理工具，旨在通过熔断机制控制服务和第三方库的节点，从而为延迟和故障提供更强大的容错能力。

比如在生产环境中，某个服务发生了故障，导致连接到它的所有请求超时，这时如果没有合适的处理机制，这种超时便会在生产系统中蔓延和累积，最后导致系统"雪崩"，即由于某一个微小服务的故障导致整个生产集群完全宕机，这种行为当然是不可接受的。

这个时候 Hystrix 就能派上用场了，当 Hystrix 发现某个服务状态不稳定时，会立马让它下线，接下来使用补偿机制给予服务调用者响应，虽然损失了业务的完整性，但是换来了系统整体的高可用性。

Netflix Zuul　Zuul 是在云平台上提供动态路由、监控、弹性、安全等边缘服务的框架。可以简单地把 Zuul 看成加强版的 Nginx，用于实现微服务架构下的 API 网关。所有流量都要经过 Zuul，Zuul 承担了前文提到的 API 网关的主要工作。另外，Zuul 可以实现熔断降级、安全防护和服务治理。

Netflix Archaius　包含一系列配置管理 API，提供动态类型化属性、线程安全配置操作、轮询框架、回调机制等。

Archaius 可以动态获取配置，原理是每隔 60s（默认，可配置）从配置源读取一次内容，这样在修改了配置文件后不需要重启服务就可以使修改后的内容生效，前提是使用 Archaius 的 API 来进行读取。

Spring Cloud Config

俗称分布式配置中心，用于配置管理工具包，让我们可以把配置放到远程服务器，集中化管理集群配置，目前支持本地存储、Git 以及 Subversion。特别是在应用部署 Docker 化之后，用配置中心可以方便后续的统一管理、升级容器，让容器只包含干净的代码版本，实现一次编译到处运行。

Spring Cloud Bus

事件、消息总线，用于在集群（例如，配置变化事件）中传播状态变化，可与 Spring Cloud Config 联合使用实现热部署，类似于传统 SOA 中的 ESB 的轻量级实现，在多种服务组件之间负责异步消息的解耦。

Spring Cloud for Cloud Foundry

Cloud Foundry 是 VMware 推出的业界第一个开源 PaaS 云平台，它支持多种框架、语言、运行时环境及应用服务，使开发人员能够在几秒内进行应用程序的部署和扩展，无须担心任何基础架构的问题，其实就是 Spring Cloud 与 Cloud Foundry 进行集成的一套解决方案。

Cloud Foundry 在这里的角色其实就是前文所说的容器云管理平台。当然，我们也可以设计自己的容器云平台实现方法。

Spring Cloud Cluster

Spring Cloud Cluster 将取代 Spring Integration，为分布式系统中的集群提供所需的基础功能支持，如选举、集群的状态一致性、全局锁、Token 等常见状态模式的抽象和实现。

Spring Cloud Consul

Consul 是一个支持多数据中心分布式高可用的服务发现及配置共享的服务软件，由 HashiCorp 公司用 Go 语言开发，基于 Mozilla Public License 2.0 协议开源。Consul 支持健康检查，并允许 HTTP 和 DNS 协议调用 API 存储键值对。

Spring Cloud Consul 封装 Consul 操作，Consul 是一个服务发现与配置工具，与 Docker 容器可以无缝集成。

Spring Cloud Security

这是基于 Spring Security 的安全工具包，为应用程序添加了安全控制。

Spring Cloud Sleuth

这是一个日志收集工具包，封装了 Dapper 和 Log-Based 追踪以及 Zipkin 和 HTrace 操作，为 Spring Cloud 应用实现了一种分布式追踪解决方案。

Spring Cloud Data Flow

Data Flow 是一个用于实现大范围数据处理的开源组件，其模式包括 ETL、批量运算和持续运算的统一编程模型，以及托管服务。

对于在现代运行环境中可组合的微服务程序来说，Spring Cloud Data Flow 是一个云原生可编配的服务。使用 Spring Cloud Data Flow，开发者可以为数据抽取、实时分析、数据导入/导出这种些常见用例创建和编配数据通道（data pipeline）。

Spring Cloud Data Flow 是基于 Spring Cloud 模式的对 Spring XD 的重新设计，该项目的目标是简化大数据应用的开发。Spring XD 的流处理和批处理模块的重构分别基于 Spring Boot 的 Stream 和 Task/Batch 的微服务程序。这些程序现在都是自动部署单元，而且原生支持 Cloud Foundry、Apache YARN、Apache Mesos 和 Kubernetes 等运行环境。

Spring Cloud Data Flow 为基于微服务的分布式流处理和批处理数据通道提供了一系列模型和最佳实践。

Spring Cloud Stream

Spring Cloud Stream 是创建消息驱动微服务应用的框架，基于 Spring Boot 构建，可以建立单独的工业级 Spring 应用，使用 Spring Integration 提供与消息代理之间的连接。它是数据流操作开发包，封装了与 Redis、RabbitMQ、Kafka 等发送/接收消息的功能。

一个业务会牵扯多个任务，任务之间是通过事件来触发的，这就是 Spring Cloud Stream 的职责。

Spring Cloud Task

Spring Cloud Task 主要负责"短命"微服务的任务管理及任务调度，比如说，某些定时任务晚上只运行一次，或者某项数据分析只临时运行几次。

Spring Cloud ZooKeeper

ZooKeeper 是一个分布式的开源应用程序协调服务，是 Google 的 Chubby 的一个开源实现，是 Hadoop 和 HBase 的重要组件，是一个为分布式应用提供一致性服务的软件，提供的功能包括配置维护、域名服务、分布式同步、组服务等。ZooKeeper 的目标就是封装复杂易出错的关键服务，将简单易用的接口和性能高效、功能稳定的系统提供给用户。

Spring Cloud Connectors

Spring Cloud Connectors 简化了云端应用连接到后端中间件服务的过程以及从云平台获取操作的过程，有很强的扩展性，可用来构建自己的云平台，便于云端应用程序在各种 PaaS 平台上连接到后端（如数据库和消息代理服务）。

Spring Cloud Starters

Spring Cloud Starters 是 Spring Boot 式的启动项目，为 Spring Cloud 提供了开箱即用的依赖管理。

Spring Cloud CLI

基于 Spring Boot CLI，便于以命令行方式快速建立云组件。

SpringCloud 是一个比较抽象的框架，基本上不太考虑具体的业务逻辑实现，所以在落地的时候往往也要根据自己的业务进行适配，选用合适的不同模型。

Spring Cloud 的整体架构如图 2-2 所示。

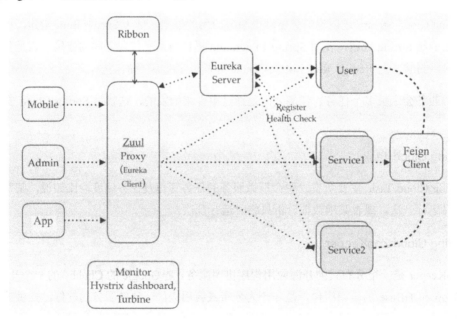

图 2-2　Spring Cloud 的整体架构

Spring Cloud 大概的动态运行流程如下。

1. 外部或内部的非 Spring Cloud 项目统一通过 API 网关（Zuul）来访问内部服务。
2. 网关接收到请求后，从注册中心（Eureka）获取可用服务。
3. Ribbon 对服务进行负载均衡处理，分发到后端的具体实例。
4. 微服务之间通过 Feign 进行通信，处理业务。
5. Hystrix 负责处理服务超时熔断。
6. Turbine 监控服务间调用和熔断的相关指标。

2.2 服务网关

2.2.1 OpenResty

目前最常用的 API 网关便是 OpenResty，基于 Nginx，性能稳定，API 丰富。OpenResty 官网对其的介绍如下。

OpenResty®是一个基于 Nginx 与 Lua 的高性能 Web 平台，其内部集成了大量精良的 Lua 库、第三方模块以及大多数的依赖项，用于搭建能够处理超高并发、扩展性极强的动态 Web 应用、Web 服务和动态网关。

OpenResty®通过汇聚各种设计精良的 Nginx 模块（主要由 OpenResty 团队自主开发），从而将 Nginx 变成一个强大的通用 Web 应用平台。这样，Web 开发人员和系统工程师便可以使用 Lua 脚本语言调动 Nginx 支持的各种 C 以及 Lua 模块，快速构造出 TPS 达到 10KB 乃至 1000KB 以上的单机并发连接的高性能 Web 应用系统。

OpenResty®的目标是让 Web 服务直接运行在 Nginx 服务内部，充分利用 Nginx 的非阻塞 I/O 模型，对 HTTP 客户端请求，甚至对远程后端（如 MySQL、PostgreSQL、Memcache 以及 Redis 等）都进行一致的高性能响应。

我们常见的 Lua 插件有以下若干类。

- LuaJIT

- ArrayVarNginxModule
- AuthRequestNginxModule
- CoolkitNginxModule
- DrizzleNginxModule
- EchoNginxModule
- EncryptedSessionNginxModule
- FormInputNginxModule
- HeadersMoreNginxModule
- IconvNginxModule
- StandardLuaInterpreter
- MemcNginxModule
- Nginx
- NginxDevelKit
- LuaCjsonLibrary
- LuaNginxModule
- LuaRdsParserLibrary
- LuaRedisParserLibrary
- LuaRestyCoreLibrary
- LuaRestyDNSLibrary
- LuaRestyLockLibrary
- LuaRestyLrucacheLibrary
- LuaRestyMemcachedLibrary

- LuaRestyMySQLLibrary
- LuaRestyRedisLibrary
- LuaRestyStringLibrary
- LuaRestyUploadLibrary
- LuaRestyUpstreamHealthcheckLibrary
- LuaRestyWebSocketLibrary
- LuaRestyLimitTrafficLibrary
- LuaUpstreamNginxModule
- OPM
- PostgresNginxModule
- RdsCsvNginxModule
- RdsJsonNginxModule
- RedisNginxModule
- Redis2NginxModule
- RestyCLI
- SetMiscNginxModule
- SrcacheNginxModule
- StreamLuaNginxModule
- XssNginxModule

利用 OpenResty，我们可以打造自己的 WAF，在 Nginx 上实现静态 HTML 的生成，进行鉴权和限流，甚至直接读/写数据库，大大降低后端服务层的压力。

2.2.2 Orange

我们可以基于 OpenResty 自己编写原生的 Lua 脚本，当然也可以直接利用已经模块化的开箱即用的 OpenResty+Lua 加强版来实现，比如 Orange 和 Kong（社区版）。

笔者所在的公司在某些产品线上使用了 Orange，亲测不错。Orange 是一个基于 OpenResty 的 API Gateway，提供了 API 及自定义规则的监控和管理，如访问统计、流量切分、API 重定向、Web 防火墙等功能。Orange 具有以下特性。

- 配置项支持文件存储和 MySQL 存储（0.2.0 版本开始将去除文件支持）
- 通过 MySQL 存储简单支持集群部署
- 支持多种条件匹配和变量提取
- 支持通过自定义插件的方式扩展功能
- 默认内置 6 个插件
- 提供全局状态统计功能
- 支持自定义监控
- 提供 URL 重写功能
- 提供 URI 重定向功能
- 提供简单的防火墙功能
- 提供代理、A/B 测试、分流功能
- 提供管理界面用于管理内置插件
- 以 RESTful 形式完全开放 API

Orange 的源码托管在 GitHub 上，大家可以自行搜索，查看关于 Orange 的更多内容。

Orange 的一些常见功能如图 2-3 所示。

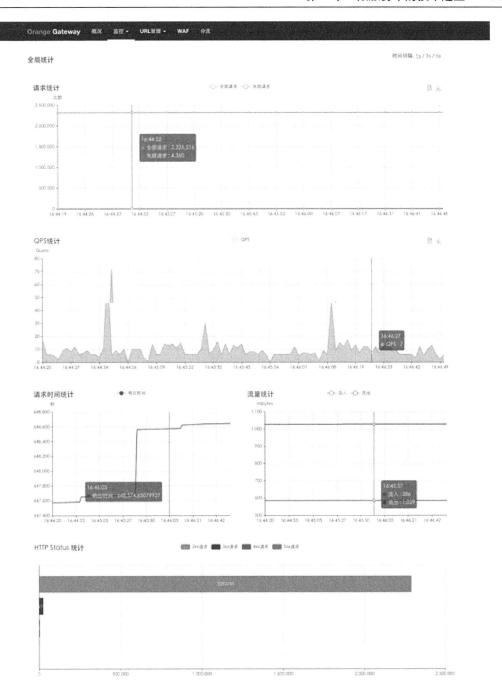

图 2-3　Orange 常见功能示意图

注意！

由于用户业务系统的多样性，对于复杂应用而言，Orange 并不是一个开箱即用的组件，需要调整一些配置才能集成到现有的系统中。

Orange 提供的配置文件和示例都是最简版的，用户使用时需要根据具体项目或业务自行调整，这些调整可能包括但不限于以下方面。

- 使用的各个 shared dict 的大小，如 ngx.shared.status。
- nginx.conf 配置文件中各个 server、location 的配置及其权限控制，比如 Orange DashBoard 的 server 应该只对内部有权限的机器开放访问。
- 根据不同业务设置的不同 Nginx 配置，如 timeout、keepalive、gzip、log、connections 等。

2.2.3 Kong

和国内开源的 Orange 不同，国外现在流行的是开源的 Kong，同样也是基于 OpenResty 的完整版 API Gateway 产品。

Kong 的静态逻辑架构如图 2-4 所示。

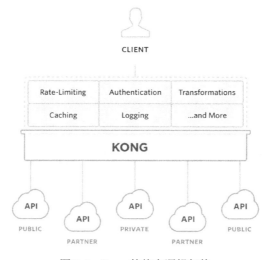

图 2-4　Kong 的静态逻辑架构

图片来源于 Kong 官方 wiki

从图 2-4 中可以看到，所有的微服务入口都在 Kong 之上插拔，通过 Kong 进行统一的鉴权、限流、传输、路由、追踪、缓存等。

相比 Orange，Kong 的功能更加丰富，但是社区版入手难度较大。这里要友情提醒一下，Kong 的社区版和收费版的若干核心功能是不一样的，这一点大家一定要知道。

2.2.4 Zuul

下面来谈一谈 Spring Cloud 中的核心组件 Zuul。

首先想说的是，绝大部分公司都有许多既存系统，有大量既存的 Nginx，若想将 Nginx 切到完全不同的 Zuul 上，相信这个成本和压力是需要架构师仔细考量的。

其次，听人说起过 Zuul 的性能不输 Nginx，笔者想问的是，为什么 Zuul 的性能会更好？Nginx 的底层性能优秀来源于它的异步非堵塞特性，而 Zuul 是怎么做到的呢？在学习 Zuul 的用法之前，我们需要搞清楚。

Zuul 的逻辑架构如图 2-5 所示，我们可以看到 Zuul 的核心是一系列的 Filter，其作用可以类比 Servlet 框架的 Filter，或者 AOP。

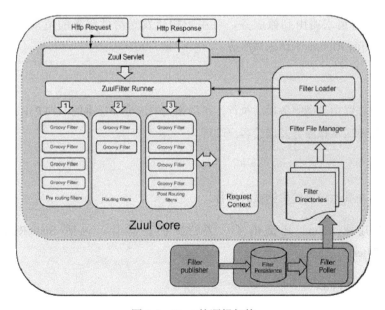

图 2-5　Zuul 的逻辑架构

图片来源于 Zuul 官方文档

在 Zuul 把 Request 路由到用户处理逻辑的过程中,这些 Filter 会参与一些过滤处理,比如 Authentication、Load Shedding 等。

Zuul 提供了一个框架,可以对过滤器进行动态加载、编译、运行。

Zuul 的过滤器之间不直接通信,而是通过一个 RequestContext 的静态类来进行数据传递。RequestContext 类中使用 ThreadLocal 变量来记录每个 Request 需要传递的数据。

Zuul 的过滤器由 Groovy 写成,这些过滤器文件被存放在 Zuul Server 的特定目录下,Zuul 会定期轮询这些目录,修改过的过滤器会动态加载到 Zuul Server 中,以便过滤请求使用。

Zuul 的大部分功能都是通过过滤器来实现的。Zuul 中定义了 4 种标准过滤器类型,具体如下,这些过滤器类型对应于请求的生命周期的不同阶段。

PRE

这种过滤器在请求被路由之前调用。我们可利用这种过滤器进行身份验证,在集群中选择请求的微服务,记录调试信息等。

ROUTING

这种过滤器将请求路由到微服务,可用于构建发送给微服务的请求,并使用 Apache HttpClient 或 Netfilx Ribbon 来请求微服务。

POST

这种过滤器在路由到微服务以后执行,可用来为响应添加标准的 HTTP Header、收集统计信息和指标、将响应从微服务发送给客户端等。

ERROR

这种过滤器在其他阶段发生错误时执行。

除了以上几种,Zuul 还提供了一类特殊的过滤器,包括 StaticResponseFilter 和 SurgicalDebugFilter。

StaticResponseFilter

允许从 Zuul 本身生成响应,而不是将请求转发到源。

SurgicalDebugFilter

允许将特定请求路由到分隔的调试集群或主机。

除了默认类型的过滤器，Zuul 还允许我们创建自定义的过滤器。例如，我们可以创建一种 STATIC 类型的过滤器，直接在 Zuul 中生成响应，而不将请求转发到后端的微服务。

关于大家很关心的 Zuul 和 Nginx 的性能比较，可以参考权威论文，地址是 http://instea.sk/2015/ 04/netflix-zuul-vs-nginx-performance/。根据此文的结论，Zuul 的性能应该是接近 Nginx 的，但是具体性能的测试数据没有列出，所以笔者在此不敢妄下结论。

2.3 服务注册发现

2.3.1 ZooKeeper

ZooKeeper 是 Hadoop Ecosystem 中非常重要的组件，它的主要功能是为分布式系统提供一致性协调（Coordination）服务。

ZooKeeper 的节点逻辑如图 2-6 所示，ZooKeeper 数据模型的结构与 UNIX 文件系统很类似，整体上可以看作一棵树，每个节点是一个 Znode，每个 Znode 都可以通过其路径被唯一标识。比如第三层的第一个Znode，它的路径是/app1/c1。每个 Znode 上可以存储少量数据（默认是 1MB，可以通过配置修改，通常不建议在 Znode 上存储大量的数据），这个特性非常有用，在后面的典型应用场景中会介绍。

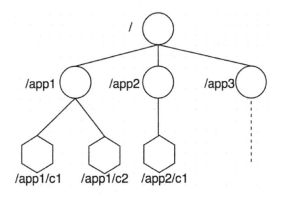

图 2-6　ZooKeeper 的节点逻辑

另外,每个Znode上还存储了其Acl信息,这里需要注意的是,虽说Znode的树形结构与UNIX文件系统很类似,但是其Acl与UNIX文件系统是完全不同的,每个Znode的Acl是独立的,子节点不会继承父节点。

常见的ZooKeeper在微服务中的作用有以下几种。

数据发布与订阅(配置中心)

发布与订阅模型即所谓的配置中心,顾名思义,就是发布者将数据发布到ZooKeeper节点上,供订阅者动态获取,实现配置信息的集中式管理和动态更新。例如,全局的配置信息、服务式服务框架的服务地址列表等,就非常适合使用。

另外,应用中用到的一些配置信息可以放到ZooKeeper上进行集中管理。这类场景通常如下,应用在启动的时候会主动获取一次配置,同时在节点上注册一个Watcher,这样一来,以后每次有配置更新的时候,都会实时通知订阅的客户端,从而达到获取最新配置信息的目的。

在分布式搜索服务中,索引的元信息和服务器集群机器的节点状态存放在ZooKeeper的一些指定节点中,供各个客户端订阅使用。

分布式日志收集系统的核心工作是收集分布在不同机器上的日志。收集器通常是按照应用来分配收集任务单元的,因此需要在ZooKeeper上创建一个以应用名作为path的节点P,并将这个应用的所有机器的IP地址以子节点的形式注册到节点P上,这样一来就能够在机器变动的时候实时通知收集器,以调整任务分配。

在传统系统中,有些信息需要动态获取,实时修改,通常的办法是暴露出接口,例如暴露JMX接口来获取一些运行时的信息。在引入ZooKeeper之后,就不用自己实现一套方案了,只要将这些信息存放到指定的ZooKeeper节点上即可。

注意!

在上面提到的应用场景中,有一个默认前提:数据量很小,但是数据更新可能会比较快。

负载均衡

这里说的负载均衡是指软负载均衡。在分布式环境中,为了保证高可用性,通常同一个应用或同一个服务的提供方都会部署多份,以集群方式对外提供服务。而消费者需要在这些对等的服务器中选择一个来执行相关的业务逻辑,其中比较典型的是消息中间件中的生产者负载均衡和消费者负载均衡。

LinkedIn 开源的 KafkaMQ 和阿里巴巴开源的 MetaQ 都是通过 ZooKeeper 来实现生产者、消费者的负载均衡的。这里以 MetaQ 为例进行说明。

- 生产者负载均衡

    在 MetaQ 发送消息的时候，生产者必须选择 broker 上的一个分区来发送消息，因此 MetaQ 在运行过程中会把所有 broker 和对应的分区信息全部注册到 ZooKeeper 的指定节点上，生产者通过 ZooKeeper 获取分区列表，之后会按照 broker ID 和 partition 的顺序排列组织成一个有序的分区列表，发送的时候按照从头到尾循环往复的方式选择一个分区来发送消息。

- 消费者负载均衡

    在消费过程中，一个消费者会消费一个或多个分区中的消息，但是一个分区中的消息只会由一个消费者来消费。

    MetaQ 的消费策略是，每个分区针对同一个 group 只挂载一个消费者。如果一个 group 内的消费者数目大于分区数目，则多出来的消费者将不参与消费。如果一个 group 内的消费者数目小于分区数目，则部分消费者需要承担额外的消费任务。在某个消费者出现故障或重启的情况下，其他消费者会感知到这一变化（通过 ZooKeeper 查看消费者列表），然后重新进行负载均衡，保证所有的分区中都有消费者进行消费。

命名服务

命名服务也是分布式系统中比较常见的一类场景。在分布式系统中，通过使用命名服务，客户端应用能够通过指定名字来获取资源或服务的地址、提供者等信息。被命名的实体通常可以是集群中的机器、提供的服务地址、远程对象等，这些都可以被统称为名字（Name）。其中较为常见的就是一些分布式服务框架中的服务地址列表。通过调用 ZooKeeper 提供的创建节点 API，我们能够很容易地创建一个全局唯一的 path，这个 path 就可以作为一个名字。

开源的分布式服务框架 Dubbo 就是使用 ZooKeeper 作为其命名服务来维护全局的服务地址列表的。

在 Dubbo 的实现过程中，服务提供者启动时要在 ZooKeeper 的指定节点 /dubbo/${serviceName}/providers 目录下写入自己的 URL 地址，通过这个操作完成服务的发布。

服务消费者启动的时候,需要订阅/dubbo/${serviceName}/providers 目录下的提供者 URL 地址,并在/dubbo/${serviceName} /consumers 目录下写入自己的 URL 地址。

注意!

所有在 ZooKeeper 上注册的地址都是临时节点,这样就可以保证服务提供者和服务消费者能够自动感应资源的变化。

另外,Dubbo 还可以实现针对服务层面的监控,方法是订阅/dubbo/${serviceName}目录下所有提供者和消费者的信息。

分布式通知与协调

ZooKeeper 中特有的 Watcher 注册与异步通知机制能够很好地实现分布式环境下不同系统之间的通知与协调,实现对数据变更的实时处理。通常做法是,使不同系统同时在 ZooKeeper 的同一个 Znode 上进行注册,监听 Znode 的变化(包括 Znode 本身及子节点的信息),其中一个系统更新了 Znode 时,另一个系统能够收到通知,并做出相应处理。

除了上面介绍的方法,分布式协调还有另外几种实现方式,具体如下。

- 心跳检测机制。检测系统和被检测系统之间并不直接关联,而是通过 ZooKeeper 上某个节点进行关联的,大大减少了系统耦合。

- 系统调度模式。某系统由控制台和推送系统两部分组成,控制台的职责是控制推送系统进行相应的推送工作。管理人员在控制台做的一些操作实际上是修改了 ZooKeeper 上某些节点的状态,而 ZooKeeper 就把这些状态变化通知给注册 Watcher 的客户端,即推送系统,令其做出相应的推送处理。

- 工作汇报模式。一些任务分发系统在子任务启动后,会到 ZooKeeper 中注册一个临时节点,并且定时将自己的进度进行汇报(将进度写回这个临时节点),这样任务管理者就能够实时知道任务的进度。

总之,使用 ZooKeeper 来进行分布式通知与协调,能够大大降低系统之间的耦合。

集群监控与 Master 选举

集群机器监控通常用于对集群中的机器状态和机器在线率有较高要求的场景中,能够快速对集群中机器的变化做出响应。

在这样的场景下,往往有一个监控系统,实时检测集群机器是否存活。过去的做法通常是,监控系统通过某种手段(比如 Ping 机制)定时检测每台机器,或者每台机器定时向监控系统汇报"我还活着"这样的信息。这种做法可行,但是存在两个比较明显的问题:一是集群中机器有变动的时候牵连的修改内容比较多;二是有一定的延时。

我们利用 ZooKeeper 的如下两个特性,就可以实现另一种集群机器存活性监控系统。

- 客户端在节点 x 上注册一个 Watcher,如果 x 的子节点发生变化,便会通知该客户端。
- 创建 EPHEMERAL 类型的节点,一旦客户端和服务器的会话结束或过期,该节点就会消失。

另外,Master 选举也是 ZooKeeper 中最为经典的应用场景。

在分布式环境中,相同的业务应用分布在不同的机器上,有些业务逻辑(例如一些耗时的计算、网络 I/O 处理)往往只需要让整个集群中的某一台机器执行即可,其余机器可以共享这个结果,这样可以大大减少重复劳动,提高性能,因此进行 Master 选举便成了这种场景下的关键步骤。

利用 ZooKeeper 的强一致性,我们能够在分布式高并发的情况下保持节点创建的全局唯一性,即有多个客户端同时请求创建 /currentMaster 节点时,最终一定只有一个客户端请求能够创建成功。利用这个特性,就能很轻松地在分布式环境中进行集群节点选取了。

这一特性也为动态 Master 选举提供了思路。这就要用到 EPHEMERAL_SEQUENTIAL 类型节点的特性了。上文中提到,所有客户端创建节点时,最终只有一个能够创建成功。在这里稍微变化一下,即允许所有客户端都能够创建成功,但是要规定一个创建顺序,这种情况下,所有创建成功的请求最终在 ZooKeeper 上的体现可能如下。

/currentMaster/{sessionId}-1 ,?/currentMaster/{sessionId}-2 ,?/currentMaster/{sessionId}-3 …

每次选取序列号最小的那台机器作为 Master,当这台机器出现故障时,由于它创建的节点会马上消失,因此会自动产生新的序列号最小的机器,即新的 Master。

在搜索系统中,如果集群中的每台机器都生成一份全量索引,这样不仅耗时,还不能保证机器之间的索引数据一致。因此让集群中的 Master 来进行全量索引,然后同步到集群中的其他机器,便能保证索引数据一致。另外,Master 选举的容灾措施是,可以随时手动指定 Master,

也就是说，应用在 ZooKeeper 无法获取 Master 信息时，可以通过 HTTP 接口从另一个地方获取 Master。

HBase 也是使用 ZooKeeper 来实现动态 HMaster 选举的。Hbase 实现过程中会在 ZooKeeper 上存储一些 ROOT 表地址和 HMaster 地址，HRegionServer 也会令自己以临时节点（Ephemeral）的形式注册到 ZooKeeper 中，使得 HMaster 可以随时感知各个 HRegionServer 的存活状态，同时，一旦 HMaster 出现问题，便会重新选举出一个 HMaster 来运行，从而避免 HMaster 的单点问题。

分布式锁

ZooKeeper 能够保证数据的强一致性，因此我们可以基于 ZooKeeper 来实现分布式锁。锁服务可以分为两类，一类是保持独占，另一类是控制时序。

所谓保持独占是指，所有试图获取这把锁的客户端最终只有一个可以成功。通常的做法是把 ZooKeeper 上的一个 Znode 看作一把锁，令所有客户端都创建/distribute_lock 节点，最终成功创建的那个客户端便可以拥有这把锁。

所谓控制时序，就是所有视图都可以获取这把锁的客户端，只是会有一个全局时序。做法和保持独占的做法基本类似，只是这里 /distribute_lock 已经预先存在，客户端要在它下面创建临时有序节点（可以通过节点的属性控制 CreateMode.EPHEMERAL_SEQUENTIAL 来指定控制时序）。ZooKeeper 的父节点（/distribute_lock）维持一份控制时序，保证子节点创建的时序性，从而也形成了客户端的全局时序。

分布式队列

简单来讲，分布式队列有两种，一种是常规的先进先出队列，另一种是等到队列成员聚齐之后才统一按序执行的队列，类似线程栅栏。

先进先出队列和分布式锁服务中的控制时序场景原理基本一致，这里不再赘述。

第二种队列其实是在 FIFO 队列的基础上进行了增强。通常可以在/queue 这个 Znode 下预先建立一个/queue/num 节点，并且赋值为 n（或者直接给/queue 赋值为 n），表示队列的长度。之后每次有队列成员加入时，就判断是否已经达到队列长度上限，决定是否可以开始执行队列消息的消费。这种用法的典型场景是，分布式环境中，一个大任务 Task A 需要在很多子任务完成（或条件就绪）的情况下才能进行。这个时候，只要其中一个子任务完成（就绪），就可以在 /taskList 下建立自己的临时时序节点（CreateMode.EPHEMERAL_SEQUENTIAL），当 /taskList

发现自己的子节点满足指定个数时，就可以按序进行下一步处理了。

2.3.2 Eureka

Eureka 本身是 Netflix 开源的一款提供服务注册和服务发现的产品，并且提供了相应的 Java 封装。在 Eureka 的实现中，节点之间相互平等，部分注册中心的节点出现故障也不会对集群造成影响，即使集群只剩一个节点存活，也可以正常提供发现服务。哪怕所有的服务注册节点都出现故障，Eureka 客户端上也会缓存服务调用的信息，这样就保证了微服务之间的互相调用是足够健壮的。

在分布式系统中有一个著名的 **CAP 定理**，C 表示数据一致性，A 表示服务可用性，P 表示服务对网络分区故障的容错性。这三个特性在任何分布式系统中都不能同时满足，最多只能满足两个。本质上，ZooKeeper 是一个 CP 实现，而 Eureka 是一个 AP 实现。

为什么这么说呢？我们来看一下两者的对比分析。

ZooKeeper 是基于 CP 来设计的，即任何时刻对 ZooKeeper 进行访问请求都能得到一致的数据结果，同时系统对网络分割具备容错性，但是不能保证每次服务请求的可用性。从实际情况来看，在使用 ZooKeeper 获取服务列表时，如果 ZooKeeper 正在进行 Master 选举，或者 ZooKeeper 集群中半数以上的机器都不可用，那么访问请求将无法获得数据。所以说，ZooKeeper 不能保证服务可用性。

诚然，在大多数分布式环境中，尤其是涉及数据存储的场景下，数据一致性应该是首先被保证的，这也是 ZooKeeper 被设计成 CP 实现的原因。

但是对于服务发现场景来说，情况就不太一样了。针对同一个服务，即使注册中心的不同节点保存的服务提供者信息不尽相同，也不会造成灾难性的后果。因为对于服务消费者来说，能消费才是最重要的。拿到可能不正确的服务实例信息后尝试进行消费，也好过因为无法获取实例信息而不能消费（若尝试失败，可以更新配置并重试）。所以，对于服务发现而言，可用性比数据一致性更加重要，即 AP 胜过 CP。

Spring Cloud Netflix 在设计 Eureka 时遵循的就是 AP 原则。

Eureka 服务器也可以运行多个实例来构建集群，解决单点问题，但不同于 ZooKeeper 的 Master 选举过程，Eureka 服务器采用的是 Peer to Peer（P2P）对等通信方式，这是一种去中心化的方式，无 Master/Slave 区分，每一个 Peer 都是对等的。在 P2P 架构中，节点通过彼此互相注册来提高可用性，每个节点需要添加一个或多个有效的 serviceUrl 指向其他节点。每个节点都可以被视为其他节点的副本。

如果某台 Eureka 服务器宕机，Eureka 客户端的请求会自动切换到新的 Eureka 服务器节点上，当宕机的服务器重新恢复后，Eureka 会再次将其纳入服务器集群管理之中。当节点开始接受客户端请求时，所有的操作都会进行 replicateToPeer（节点间复制）操作，将请求复制到其他 Eureka 服务器当前所知的所有节点中。

一个新的 Eureka 服务器节点启动后，会首先尝试从邻近节点获取所有实例注册表信息，完成初始化。Eureka 服务器通过 getEurekaServiceUrls()方法获取所有的节点，并且通过心跳续约的方式定期更新。默认配置下，如果 Eureka 服务器在一定时间内（默认为 90 秒，通过 eureka.instance.lease-expiration-duration-in-seconds 配置）没有接收到某个服务实例的心跳，那么该实例将会被注销。当 Eureka 服务器节点在短时间内丢失过多的心跳时（比如发生了网络分区故障），那么这个节点就会进入自我保护模式。

什么是自我保护模式呢？

简单来说，默认配置下，如果 Eureka 服务器每分钟收到的心跳续约数量低于一个阈值，并且持续 15 分钟，就会触发自我保护。在自我保护模式下，Eureka 服务器会保护服务注册表中的信息，不再注销任何服务实例。当收到的心跳数重新恢复到阈值以上时，该 Eureka 服务器节点就会自动退出自我保护模式。这个设计原理在前面提到过，即宁可保留错误的服务注册信息，也不盲目注销任何可能健康的服务实例。该模式可以通过 eureka.server.enable-self-preservation=false 来禁用，同时通过 eureka.instance.lease-renewal-interval-in-seconds 来更改心跳间隔，通过 eureka.server.renewal-percent-threshold 来修改自我保护系数（默认为 0.85）。

总结一下，ZooKeeper 基于 CP，不保证高可用性，如果 ZooKeeper 正在进行 Master 选举，或者 ZooKeeper 集群中半数以上的机器不可用，那么将无法获得数据。Eureka 基于 AP，能保证高可用性，即使所有机器都出现故障，也能获取本地缓存的数据。

作为注册中心，其实配置是不经常变动的，只有应用发布和机器出现故障时才会变动。对于不经常变动的配置来说，CP 是不合适的，而 AP 在遇到问题时可以用牺牲一致性来保证高可用性，即返回旧数据，缓存数据。

因为 Dubbo 推荐了 ZooKeeper，因此国内大量的服务都用 ZooKeeper 来实现服务发现，但从分布式计算理论上来看，Eureka 是更适合用作注册中心的。

现实环境中，大部分项目可能会使用 ZooKeeper，那是因为项目集群不够大，并且基本不会遇到用作注册中心的机器一半以上都出现故障的情况。但是作为一个技术隐患，架构师要做到心中有数。

另外，类似的分布式协同工具还有 etcd、Consul 等，这里不一一介绍了。

关于 ZooKeeper 和 Eureka、etcd、Consul 等的同型分布式协同工具的比较，推荐大家去阅读 Jason Wilder 的 *Open-Source Service Discovery* 一文。

2.4 配置中心

SpringConfig+Git、Diamond、Disconf、Apollo 等统称为配置中心，作用是在分布式微服务架构下进行配置管理和归集。

在功能架构上，一个合适的配置中心至少要包括以下的功能点。

- 高可用
- 高容错
- 提供管理界面
- 多维度配置
- 灰度配置
- 权限/审计/审查
- 低侵入式接入
- 易维护
- 安全

市面上主流的几大配置中心之间的性能对比如表 2-2 所示。表中的○表示支持该功能，×表示不支持该功能。

表 2-2 主流配置中心的性能对比

	SpringCloud Config	Ctrip Apollo	Disconf	xDiamond
静态配置管理	基于 file	○	○	○
动态配置管理	○	○	○	○
本地配置缓存	×	○	○	○
配置更新策略	×	×	×	×
配置锁	○	×	×	×
配置校验	×	×	×	×
配置生效时间	重启生效，或手动 refresh 生效	实时	实时	实时
配置更新推送	需要手工触发	○	○	○
Spring Boot 架框	○	○	×	×
Spring Cloud 架框	○	○	×	×
客户端语言	Java	Java、.Net	Java	Java
业务系统侵入性	侵入性弱	侵入性弱	侵入性弱	侵入性弱
依赖组件	Eureka	Eureka	ZooKeeper	×
单点故障（SPOF）	○HA 部署	○HA 部署	○HA 部署，高可用由 ZooKeeper 保证	×
配置界面	×，需要通过 Git 操作	统一界面（Ng 编写）	统一界面	统一界面

如果不是系统架构与 Spring Cloud 框架强耦合，从易用性、高可用性、可维护性等多个层面进行选型，笔者比较推荐采用 Apollo。

Apollo 的静态逻辑架构如图 2-7 所示，我们可以看到，Apollo 本身只依赖于 MySQL 和 Eureka，运维和部署的成本低，没有引入更多重量级的中间件。

Apollo 的动态逻辑架构如图 2-8 所示，我们可以看到，Apollo 在配置的拉取上同时支持 Push 和 Pull 混用，这样能够低成本、更轻量地实现热更新（Hot refresh）。并且因为采取了 async Servlet （Spring DeferredResult）方式来实现长连接池，所以服务端的性能测试结果也很棒。

第 2 章 微服务中的技术选型

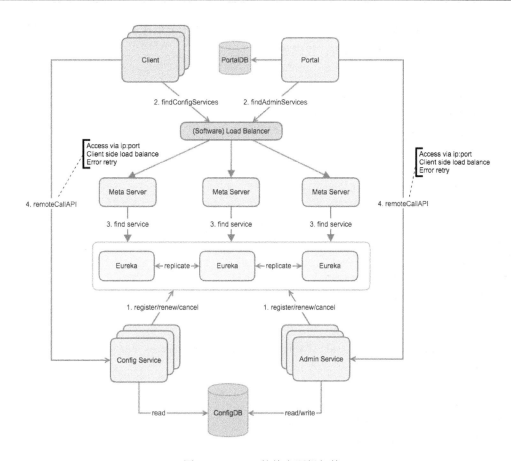

图 2-7 Apollo 的静态逻辑架构

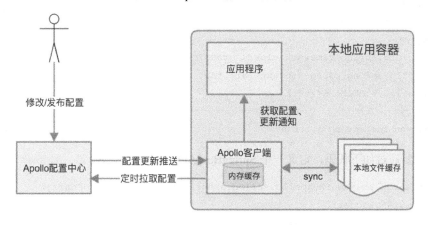

图 2-8 Apollo 的动态逻辑架构

更重要的是，Apollo 的接入对代码的侵入性很低，成本十分低廉。在 Spring Boot 环境下，只需要在 pom 中引入相关依赖即可，代码如下。

```xml
<dependency>
<groupId>com.ctrip.framework.apollo</groupId>
<artifactId>apollo-client</artifactId>
<version>0.9.1</version>
</dependency>
<dependency>
  <groupId>com.google.inject</groupId>
  <artifactId>guice</artifactId>
  <version>4.1.0</version>
</dependency>
<dependency>
  <groupId>com.ctrip.framework.apollo</groupId>
  <artifactId>apollo-core</artifactId>
  <version>0.9.1</version>
</dependency>
<!-- https://mvnrepository.com/artifact/org.springframework.cloud/spring-cloud-context -->
 <!-- for spring boot demo -->
<dependency>
    <groupId>org.springframework.boot</groupId>
    <artifactId>spring-boot-starter</artifactId>
    <version>1.3.8.RELEASE</version>
 </dependency>
 <!-- for refresh scope demo -->
<dependency>
    <groupId>org.springframework.cloud</groupId>
    <artifactId>spring-cloud-context</artifactId>
    <version>1.1.6.RELEASE</version>
</dependency>
<!-- required for spring 3.1.0 -->
```

我们需要通过如下代码，定义一个 SpringBootAutoRefreshConfig。

```java
import com.ctrip.framework.apollo.spring.annotation.EnableApolloConfig;
import org.slf4j.Logger;
import org.slf4j.LoggerFactory;
import org.springframework.context.annotation.Configuration;
```

```java
import org.springframework.stereotype.Component;
/**
 * @author 258737400@qq.com
 */
@Component
@Configuration
@EnableApolloConfig
@org.springframework.cloud.context.config.annotation.RefreshScope
public class SpringBootAutoRefreshConfig {
    private static final Logger logger = LoggerFactory.getLogger(SpringBootAutoRefreshConfig.class);}
```

然后就能在如下的 ConfigBean 中动态热更新、热部署配置。

```java
import com.ctrip.framework.apollo.model.ConfigChangeEvent;
import com.ctrip.framework.apollo.spring.annotation.ApolloConfigChangeListener;
Import com.ctrip.framework.apollo.spring.annotation.EnableApolloConfig;
import com.ctrip.framework.apollo.spring.annotation.EnableAutoResfresh;
import org.springframework.beans.factory.annotation.Value;
import org.springframework.cloud.context.config.annotation.RefreshScope;
import org.springframework.context.annotation.Configuration;
import org.springframework.stereotype.Component;
/**
 * @author tony jiang(258737400@qq.com)
 */
@Component("autoBootRefreshBean")
public class SpringBootAutoRefreshBean {
    @Value("${intValue:0}")
    @EnableAutoResfresh
    private int intValue;
    @Value("${svalue:}")
    @EnableAutoResfresh("application")
    private String svalue;
    @Value("${longValue:0}")
    @EnableAutoResfresh("FX.apollo")
    private long longValue;
    @Value("${shortValue:0}")
    @EnableAutoResfresh
    private short shortValue;
```

```java
    @Value("${floatValue:0}")
    @EnableAutoResfresh
    private float floatValue;
    @Value("${doubleValue:0}")
    @EnableAutoResfresh
    private double doubleValue;
    @Value("${byteValue:0}")
    @EnableAutoResfresh
    private byte byteValue;
    @Value("${booleanValue:false}")
    @EnableAutoResfresh
    private boolean booleanValue;
    public int getIntValue() {
        return intValue;
    }
    public String getSvalue() {
        return svalue;
    }
    public long getLongValue() {
        return longValue;
    }
    public short getShortValue() {
        return shortValue;
    }
    public float getFloatValue() {
        return floatValue;
    }
    public double getDoubleValue() {
        return doubleValue;
    }
    public byte getByteValue() {
        return byteValue;
    }
    public boolean isBooleanValue() {
        return booleanValue;
    }
}
```

这里要注意,如果是非 Spring Boot 环境,则要在 spring_context.xml 中添加如下代码。

```
<apollo:config>
<!-- to support RefreshScope -->
<bean class="org.springframework.cloud.autoconfigure.
RefreshAutoConfiguration"/>
```

想要了解更多,可以查看 Apollo 的官方文档。

2.5 请求链路追踪

请求链路追踪(Link Tracking)或者应用性能管理(APM,Application Performance Management),主要用于在分布式系统中实现细颗粒度的请求链追踪和监控。

微服务环境下,服务调用链条纷繁复杂,很多应用随着长期开发过程中的人员变动,连完整的服务拓扑图都没有形成,各种框架、各种跨语言的服务调用链条基本上不可见,性能问题一旦发生会很难定位,这时请求链追踪便有很明显的用武之地了。

请求链路追踪的功能要求见图 2-9。

图 2-9 请求链路追踪的功能要求

请求链路追踪起源于 Google 发布的著名学术论文 *Dapper*,大家可以上网搜索并阅读学习。

一个前端服务可能对上百台查询服务器发起一个 Web 查询,每一个查询都有自己的 Index,这个查询可能会被发送到多个子系统,这些子系统分别用来处理广告,进行拼写检查,或者查找图片、视频、新闻这样的特殊结果,根据每个子系统的查询结果进行筛选,得到最终结果,最后汇总到页面。我们把这种搜索模式称为全局搜索(universal search)。

总体来说,一次全局搜索有可能调用上千台服务器,涉及各种服务。而且,用户对搜索的耗时是很敏感的,任何一个子系统低效都将导致最终的搜索耗时。如果工程师只知道查询耗时不正常,但是无从知晓问题到底是由哪个服务调用造成的,或者为什么这个调用的性能不好,那将给改进和优化服务响应带来巨大的困难。而这种全局搜索下的分布式服务性能探测问题,也正是当时 Google 面临的问题。

首先，工程师可能无法准确定位全局搜索调用了哪些服务，因为新的服务，乃至服务上的某个片段，都有可能在某个时间被上线或修改，改动之处有可能是面向用户的功能，也有可能是一些针对性能或安全认证方面的功能。

其次，你不能苛求工程师对所有全局搜索中涉及的服务都了如指掌，每一个服务都有可能是由不同的团队开发或维护的。

再次，这些暴露出来的服务或服务器有可能同时还被其他客户端使用着，所以这次全局搜索的性能问题甚至有可能是由其他应用造成的。举个例子，一个后台服务可能要应付各种各样的请求类型，而一个使用效率很高的存储系统，比如 Hadoop，有可能正在被反复读写着，因为上面运行着各种各样的应用。

在上面这个案例中我们可以看到，对于跟踪系统，Google 提出了两点要求：**无所不在的部署、持续监控**。

无所不在的重要性不言而喻，因为在使用跟踪系统进行监控时，即使只有一小部分没被监控到，人们对这个系统的信任度都会大打折扣。另外，监控应该是 7×24 小时的，毕竟，系统异常或是那些重要的系统行为，有可能出现过一次后就很难再次出现。

根据这两个明确的需求，Google 直接提出了三个具体的设计目标。

第一，低消耗。跟踪系统对在线服务的影响应该足够小，在一些高度优化过的服务中，即使一点点损耗也很容易被察觉，而且有可能迫使在线服务的部署团队不得不将跟踪系统关闭。

第二，应用级的透明。对于程序员来说，不需要知道有跟踪系统这回事。一个跟踪系统如果想要生效，就一定要依赖应用开发者的主动配合，那么不得不说这个跟踪系统太脆弱了，无法满足对跟踪系统提出的"无所不在的部署"这个需求。对于当下像 Google 这样的快节奏开发环境来说，应用级的透明尤其重要。

第三，延展性。对于 Google 在未来几年的服务和集群规模而言，其监控系统应该是完全弹性伸缩的，以适应未来会呈指数级增长的集群规模。

一个额外的设计目标在于，跟踪数据产生之后，对其进行分析的速度要快。理想情况是，数据存入跟踪仓库后，一分钟内就能统计出结果。尽管跟踪系统对一小时前的旧数据进行统计也是相当有价值的，但如果跟踪系统能提供足够快的信息反馈，就可以对生产环境下的异常状况做出快速反应。

另外需要特别注意的是，虽然单独使用 Dapper 一类的 APM 在某些时候也能让开发人员查明异常的来源，但是 APM 的设计初衷并不是要取代所有其他的监控工具。APM 往往更侧重性能方面的数据分析，所以其他监控工具也有各自的优势和用处。

比如主流的 Zabbix 更关注物理层、网络层、中间件层的监控，颗粒度较粗。而 APM 关注具体的服务调用链，可以在调用链上追踪业务层面的参数透传，颗粒度较细，对业务运营和开发调优更有帮助。

表 2-3 展示了目前市面上几种主流的 APM 框架及它们的性能对比。

表 2-3 主流 APM 框架的性能对比

分 类	研发主体	技术框架	优 点	缺 点
手动探针	Twitter	Zipkin	基于拦截器埋点 支持多种语言	侧重收集器和存储服务而不负责分析 和项目框架集成时需要手动添加配置文件和 Filter
基于日志系统	大众点评	CAT	功能丰富 从业务、运维、性能多个层面进行追踪分析	自定义改造难度大 代码复杂 侵入代码 需要埋点
自动探针	NAVER	Pinpoint	通过 JavaAgent 机制进行字节码代码植入 无须修改任何代码 分析功能丰富	只支持 Java 基于 JavaAgent，需要开发插件才能适应不同的中间件
自动探针	吴晟	SkyWalking	通过 JavaAgent 机制进行字节码代码植入 无须修改任何代码 分析功能丰富 前途无量	据说有严重的内存溢出 Bug

通过图 2-10，我们可以快速鸟瞰 Pinpoint 的静态逻辑架构。

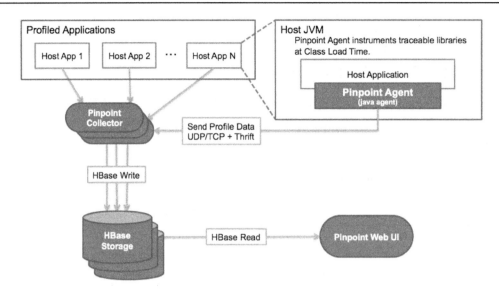

图 2-10　Pinpoint 的静态逻辑架构

Pinpoint 的代码织入原理如图 2-11 所示，Pinpoint 是基于 JVM Agent 来实现代码织入的。

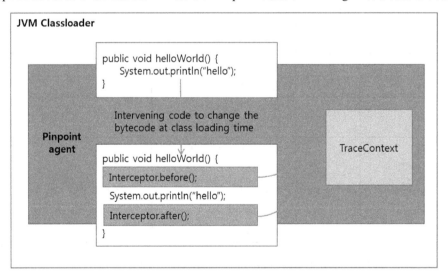

图 2-11　Pinpoint 的代码织入原理

同时，Twitter 发布的 Zipkin 也是 APM 方面的大热技术，它的逻辑架构如图 2-12 所示。

Zipkin 的实现要以各种各样的拦截器作为探针埋点，比如 MySQL、MQ、Dubbo、Spring MVC 等。

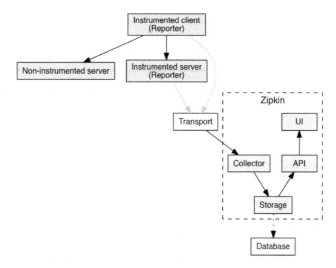

图 2-12　Zipkin 的逻辑架构

图片来源：https://zipkin.io/pages/architecture.html

另外，国内开发了一个类似于 Pinpoint 的开源框架 SkyWalking，大家也可以关注。SkyWalking 的逻辑架构如图 2-13 所示，具体细节此处不做详细介绍。

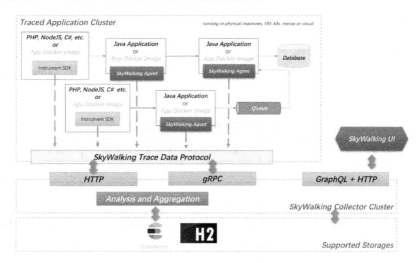

图 2-13　SkyWalking 的逻辑架构

图片来源：https://github.com/apache/incubator-skywalking

无论是 Zipkin 还是 Pinpoint，其实都是用 AOP 思想来织入探针的。表 2-4 比较了各种 APM

的技术原理。

表 2-4 各种 APM 的技术原理比较

AOP 类别	原 理	特 点	场 景
动态代理	在运行期间，目标类加载后，为接口动态生成代理类，将切面织入到代理类中	切入的前提是，要有目标代码实现接口。对系统有一点性能影响	Spring
CGLIB	在运行期间，目标类加载后，动态构建字节码文件，生成目标类的子类，将切面逻辑加入子类中	如果实例方法为 final，则无法织入	Spring
自定义类加载器	ClassLoad 之前，修改目标字节码	如果替换类加载器则无法织入	Javaassist
JavaAgent	直接在 JVM 底层实现字节码织入	十分强大	Pinpoint

笔者建议，如果你的项目是新项目，没有历史包袱，则可以选用 CAT 或 Zipkin，其中 CAT 的追踪和监控颗粒度能达到业务层面，对很多业务创新性质的公司很有用。

如果你的公司有大量的既存系统，则推荐使用 Pinpoint，它对代码没有太强的侵入性，而且经过真实业务场景的压力测试，发现其对现有生产系统的资源损耗只有 3%左右，这个代价一般是可以接受的。

下面是笔者在 CentOS 7 环境下进行的 Zipkin 与 Pinpoint 的性能压测比较，其中选用了三个工程，一个 Spring MVC，两个 Dubbo App，分成三个 Tomcat 进行部署，None 表示不用任何 APM。结果见表 2-5。

表 2-5 Zipkin 和 Pinpoint 的性能压测比较

线程数	APM	平均时间(s)	最小时间(s)	最大时间(s)	90% Line	错误率%
500	None	2	1	17	2	0
	Zipkin	3	1	32	14	0
	Pinpoint	3	1	29	11	0
750	none	3	1	27	4	0
	Zipkin	4	1	59	10	0
	Pinpoint	4	1	40	9	0
1000	None	5	1	68	7	0
	Zipkin	5	1	39	12	0
	Pinpoint	4	1	30	9	0

这里需要注意，PinpointAgent 需要把日志级别改成 ERROR，否则会严重影响性能。通过表 2-5，我们可以得出结论，Pinpoint 的性能优于 Zipkin。

Pinpoint 的部署非常简单，把<pinpoint-agent-1.7.2-SNAPSHOT>放到目标服务器上，修改<pinpoint.config>文件的采样率以符合生产的性能压力即可，代码如下。

```
# 1 out of n transactions will be sampled where n is the rate. (1: 100%)
profiler.sampling.rate=1
```

在 Tomcat/bin/CATALINA.sh 中加入如下脚本，即可追踪该 Tomcat 下的所有应用。

```
CATALINA_OPTS="$CATALINA_OPTS -javaagent:/home/pinpoint/pinpoint-bootstrap-1.7.2-SNAPSHOT.jar"
CATALINA_OPTS="$CATALINA_OPTS
-Dpinpoint.agentId=65-cental-server"
CATALINA_OPTS="$CATALINA_OPTS -Dpinpoint.applicationName=cental-server"
```

需要注意的是，PinPoint 的数据是在 HBase 里落地的，而且数据量偏大，所以建议在部署时将 HBase 转移到专门的集群里，同时编写一个超期清理数据的 shell 脚本。

如果公司里没有太多的架构师或者技术大牛，那么也可以选择 OneAPM 之类的产品。但是要留心的是，这种基于混淆 JVM 字节码的 OneAPM 工具有可能给现有的生产环境带来性能污染和安全污染，这一点架构师们一定要注意。

第 3 章

Service Mesh

比微服务更进一步的，或者称为下一代微服务的，便是服务网格（Service Mesh），本章我们就来探索一下服务网格的奥秘。

3.1 初识 Service Mesh

3.1.1 什么是 Service Mesh

Service Mesh 最早的定义是由 Linkerd 给出的，我们来看看其最初的英文定义。

> A service mesh is a dedicated infrastructure layer for handling service-to-service communication. It's responsible for the reliable delivery of requests through the complex topology of services that comprise a modern, cloud native application. In practice, the service mesh is typically implemented as an array of lightweight network proxies that are deployed alongside application code, without the application needing to be aware. (But there are variations to this idea, as we'll see.)
>
> The concept of the service mesh as a separate layer is tied to the rise of the cloud native application. In the cloud native model, a single application might consist of hundreds of services; each service might have thousands of instances; and each of those instances might be in a constantly-changing state as they are dynamically scheduled by an orchestrator like Kubernetes. Not only is service communication in this world incredibly complex, it's a pervasive and fundamental part of runtime behavior. Managing it is vital to ensuring end-to-end performance and reliability.

提炼出其英文定义中的关键词，翻译过来，可以认为，所谓的 Service Mesh 应该具备以下特性。

- 是一种基础设施层服务，服务间的通信通过服务网格进行。
- 可靠地传输复杂拓扑中服务的请求，将它们变成现代的云原生服务。
- 是一种网络代理的实现，通常与业务服务部署在一起，业务服务感知不到。
- 是一种网络模型，位于 TCP/IP 之上的抽象层，TCP/IP 负责在网络节点间可靠地传递字节码，Service Mesh 则负责在服务间可靠地传输服务间的协议请求。它们不关心传输的内容。
- 可对运行时进行控制，使服务变得可监控、可管理。

因此说，Service Mesh 就是这样一种架构思想——它将传统服务治理框架中的服务发现、注册、熔断、降级、限流这些和业务无关的内容抽离出来，下沉为网络层的系统级实现，让业务代码更加关注于业务逻辑的实现和落地。也正是因为有 Service Mesh 的思想，诸如 FaaS 这样的函数式云计算才变成了可能。

3.1.2 为什么使用 Service Mesh

目前的微服务架构对于全新的项目或是创业团队而言，实在是"天上掉下来的馅饼"，让小公司也能"站在巨人的肩膀上"。服务发现、服务注册、服务熔断、限流、服务降级、服务追踪、服务监控、分布式一致性、分布式集群，这些在十年前只有大公司才能玩转的东西，现在已经"从天界流向了民间"，小团队也能玩转大技术。

但是并不是所有公司、所有软件项目，都会抱着开放的态度去看待微服务。尤其是对于那些传统企业的软件系统而言，稳定是第一位的，技术革新是次要的。让这样的企业将原有的技术框架改造成微服务架构，无论是使用 Spring Cloud 还是自主研发的框架，都是无比艰难的事情。

对于这些公司和项目而言，如果能拥有一个对原有软件应用架构及技术架构无侵入性，且基于基础层和网络层快速实现的微服务架构，那肯定是非常有好处的。

所以，Service Mesh 出现了。

而且很有意思的是，Service Mesh 的出现和落地与 Docker 容器化、微服务架构等技术的演化,以及它们背后的厂商,都有很大关系。比如 Service Mesh 标准 Istio 框架,其背后有三个主要发力厂商:IBM、Google 和 Lyft,其中 Google 是 Docker 容器编排方式 Kubernetes 的发起者,IBM 是全球 IT 咨询和推广的王者之一。这些厂商都在力推 Service Mesh 的落地。

Service Mesh 的概念在国内也被很多技术专家所推崇,其之所以会成为未来微服务架构的主流方向,是因为它具有以下的优点。

- 轻松支持多种开发语言,跨语言间的服务调用无须考虑每种语言都要解决的问题。
- 对业务代码零侵入,开发者无须关心分布式架构带来的复杂性以及引入的技术问题。
- 为不适合改造的老旧单体应用提供了一种接入分布式环境的方式。
- 微服务化的进程通常不是一蹴而就的,很多应用采取不断演进的方式,就是将单体应用一部分一部分地进行拆分。而在这个过程中,使用 Service Mesh 就可以很好地保证未拆分的应用与已经拆分出来的微服务之间的互通和统一治理。
- 开发出来的应用既是云原生的又具有云独立性,不将业务代码与任何框架、平台或者服务绑定。

至于 Service Mesh 在国内的落地情况,笔者听闻华为有自主研发的 Service Mesh 平台,供传统电信 BOSS 系统接入,一些银行也正在系统内部推进 Service Mesh 的落地。相信在一两年内,国内会涌现出相当多的落地项目。

3.2 Service Mesh 的发展过程

3.2.1 早期的分布式计算

自计算机诞生之初,就有了在两台主机上进行服务(进程)调用的需求,早期的分布式主机通信方式如图 3-1 所示。

图 3-1 早期的分布式主机通信方式

为了屏蔽跨主机调用的网络通信和其他底层机制,我们在计算机系统中引入了网络栈驱动,将跨主机的通信复杂度交由网络栈处理，使自己可以集中注意力写好代码。

这个模型在早期系统并不复杂的时期尚可维护，但是随着计算机的成本变得越来越低，连接数和数据量也大幅增加。

人们越来越依赖网络系统，就需要找到让机器互相发现的解决方案，通过同一条线路同时处理多个连接，允许机器在非直连的情况下互相通信，通过网络对数据包进行路由、加密等。在这之中，多节点通信时就需要考虑流量控制问题。

流量控制机制可以防止一台服务器发送的数据包超过下游服务器的承受上限。这在分布式环境下是十分必要的。

因为在一个联网系统中，至少会有两台不同的、独立的计算机，它们彼此之间互不了解。计算机 A 以给定的速率向计算机 B 发送字节，但不能保证 B 也可以以足够快的速度连续地处理接收到的字节。例如，B 可能正在忙于并行运行其他任务，或者数据包可能是无序到达的，并且 B 可能被阻塞只为等待本应该第一个到达的数据包。这就意味着，A 不仅不知道 B 的预期性能，而且还可能使 B 过载，当 B 不能及时响应的时候，必须对所有传入的数据包进行排队处理。

将应用拆分成业务逻辑层和流量控制层，带网络栈和流量控制的早期分布式主机通信方式如图 3-2 所示。

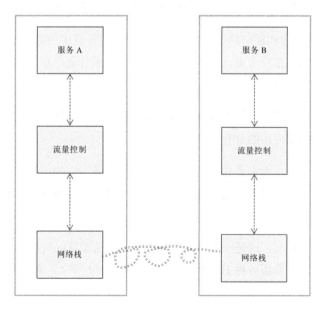

图 3-2　带网络栈和流量控制的早期分布式主机通信

伴随着 TCP/IP 标准的出现，流量控制和许多其他问题的解决方案被融入了网络协议栈中，这意味着这些流量控制代码仍然存在，但已经从应用程序中转移到了操作系统提供的底层网络层中，这样一来应用就能更加关注业务逻辑本身。将流量控制和网络栈整合在一起之后，早期的分布式主机通信方式如图 3-3 所示。

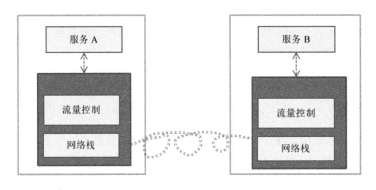

图 3-3　将流量控制和网络栈整合之后的早期分布式主机通信方式

3.2.2　微服务时代的分布式计算

随着时代的发展，当分布式系统的组成从几个大型的中央计算机发展成数以千计的小型服务时，我们就不能再抱有传统的简单冗余备份的想法了，而是要面对新的挑战和开放性问题。

过去用 TCP/IP 协议栈和通用网络模型可以屏蔽分布式计算中的通信问题，但更复杂、更细碎的分布式架构让我们不仅要考量计算的可用性，更要考量计算的服务发现和过载熔断。这个时候就出现了服务发现和熔断器。

如果基于早期的分布式结构，在应用中加入熔断器和服务发现，我们就能得到如图 3-4 所示的加入熔断器和服务发现后的分布式主机通信模型。

服务发现是在满足给定查询条件的情况下自动查找服务实例的过程，例如，一个名为 A 的服务实例要想找到一个名为 B 的服务实例，A 将调用一些服务发现进程，它们会返回满足条件的 B 的服务列表。

对于更集中的架构而言，这是一个非常简单的任务，通常可以使用 DNS、负载均衡器和一些约定端口号（例如，所有服务将 HTTP 服务器绑定到 8080 端口）来实现。

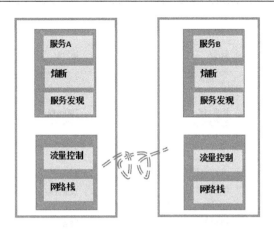

图 3-4　加入熔断器和服务发现后的分布式主机通信模型

而在更分散的环境中，任务会变得越来越复杂，以前可以通过盲目信任 DNS 来查找依赖关系的服务域名和端口，但是当服务极度分散的时候，每台客户端在不同的网络环境下需要访问部署在不同机房的服务。如果之前只需要一行代码来解析主机名，那么现在可能会需要很多行代码来处理由分布式引入的各种问题。

熔断器是由 Michael Nygard 在其编写的 *Release It* 一书中提出的。

熔断器的基本思想非常简单。将一个受保护的函数调用包含在用于监视故障的熔断器对象中，一旦故障数达到一个阈值，熔断器便会跳闸，并且对熔断器的所有后续调用都将返回错误，完全不接受对受保护函数的调用。通常，如果熔断器发生跳闸，还需要监控报警。

这些技术本身都是非常简单的，它们能为服务之间的交互提供更多的可靠性。然而，与其他技术一样，随着分布式技术的发展，它们也会变得越来越复杂，系统发生错误的概率呈指数级增长，因此即使简单的原理，如"如果熔断器跳闸，则监控报警"，也会变得不那么简单。一个组件中的故障可能会在许多客户端或客户端的客户端上产生连锁反应，从而触发数千个电路同时跳闸，如果处理不慎就会导致系统雪崩。

事实上，Eureka 的服务发现和 Hystrix 的熔断器就是上述技术原理的两个开源实现。

所以，如果我们不是重复造轮子，而是把这些共通的架构整合成公共组件包（Library），并开源提供出来，我们就能得到如图 3-5 所示的将熔断器和服务发现整合之后的分布式主机通信模型。

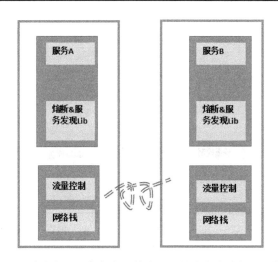

图 3-5　将熔断器和服务发现整合之后的分布式主机通信模型

虽然我们用上述技术实现了微服务，但是随着服务数量呈几何级增长，我们也发现了这种方法中存在着的各种弊端。

第一个弊端在于，这些开源框架对原有代码的侵入性很强，底层替换的成本过高，容易使团队成员将大量的精力花费在底层服务治理机制上，而不能集中注意力关心业务。

第二个弊端是，上面所有的微服务库通常是为特定平台编写的，无论是编程语言还是像 JVM 这样的运行时环境，如果开发团队使用了微服务库不支持的平台，那么通常需要将代码移植到新的平台，成本很高。特别是对于遗留代码过多的项目而言，大量遗留代码可能是用 PHP 开发的，用 Python 开发的，或者用 Struts1.0 开发的，迁移到新平台的成本巨大。

第三个弊端是，这个模型中有一个值得讨论的问题——管理方面的问题。微服务的底层库可能会对解决微服务架构需求所需的功能进行抽象，但它本身仍然是需要维护的组件，因此必须要确保数千个服务实例所使用的库的版本是相同的或兼容的，否则会非常麻烦。比如，如果大量使用了基于 Spring Cloud 的微服务，则当 Spring Cloud 发布了新版本或者修复了重大 Bug 时，产生的更新和迭代将会令开发者十分痛苦。

所以，如同早期将分布式计算的细节下沉到网络协议中一样，例如熔断器和服务发现这些大规模分布式服务所需的功能，也应该放到底层的平台中。

人们使用高级协议（如 HTTP）编写非常复杂的应用程序和服务时，无须考虑 TCP 是如何控制网络上的数据包的。这就是微服务所需要的，这样可以让那些从事服务开发工作的工程师专注于业务逻辑的开发，从而避免浪费时间去编写服务基础设施代码或管理整个系统的库和框架。

综上所述，将熔断器和服务发现从业务中剥离，我们便得到了对应的分布式主机通信模型，如图 3-6 所示。

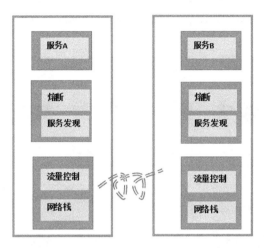

图 3-6　将熔断器和服务发现从业务中剥离后的分布式主机通信模型

将熔断器和服务发现从业务中剥离，让业务回归业务逻辑本身，将底层的任务真正交给底层来完成，这就是 Service Mesh 的核心思想。

SideCar 就是这种思想下的一种具体技术实现，我们在所有主机上运行一个独立的进程 SideCar，将熔断器和服务发现以 SideCar 的形式独立部署，这时的分布式主机通信模型如图 3-7 所示。

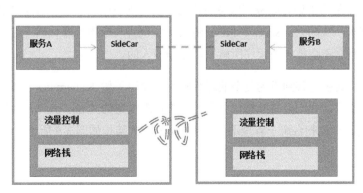

图 3-7　将熔断器和服务发现以 SideCar 的形式独立部署后的分布式主机通信模型

随着微服务架构的日益普及，我们也逐渐看到了一系列开源的 Service Mesh 实现，它们能够灵活地适应不同的基础设施组件和偏好。其中第一个被人们熟知的系统是 Linkerd，它由 Buoyant 创建，灵感源于工程师先前在 Twitter 微服务平台中积累的工作经验。

在这种模式下，每个服务都配备了一个代理 SideCar，由于这些服务只能通过代理 SideCar 进行通信，因此我们最终会得到如图 3-8 所示的网格计算的部署方案。

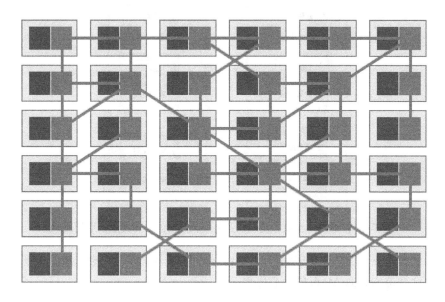

图 3-8　网格计算的部署方案

由此，我们可以给 Service Mesh 下一个定义。

Service Mesh 是用于处理服务到服务通信的专用基础设施层，它负责通过复杂的服务拓扑来可靠地传递请求。实际上，Service Mesh 通常被实现为与应用程序代码一起部署的轻量级网络代理矩阵，并且它不会被应用程序所感知，是非侵入的。

随着微服务部署被迁移到更为复杂的运行时中并使用了如 Kubernetes、Mesos 这样的编排工具进行自动化运维，我们会将网格计算中的网络管理也集约到 Service Mesh 控制台（Control Plane）上。网格计算控制台统一管理下的 SideCar 分布式架构如图 3-9 所示。

第 3 章　Service Mesh　73

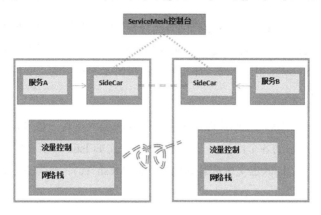

图 3-9　网格计算控制台统一管理下的 SideCar 分布式架构

通过图 3-9 可以看到，实际的服务流量仍然直接从代理流向代理，但是控制台知道每个代理实例的存在。控制台使得代理能够实现如访问控制、度量收集这样的功能，但这需要它们之间进行合作才能达成。

3.3　主流的 Service Mesh 框架

由于篇幅有限，本节不一一介绍 Service Mesh 的常见框架及其相关内容了，只选取 Google 与 IBM 联合出品的 Istio 进行简单描述。

图 3-10 展示了 Istio 的逻辑架构，大家可以通过 Istio 的官方开源地址了解更多内容。

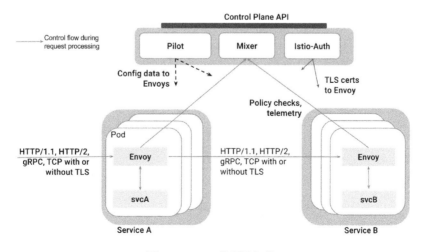

图 3-10　Isito 的逻辑架构

Istio 默认使用 Kubernetes 实现容器的自动部署和运维，从逻辑视图层面上，Istio 将应用分成数据面板（Data Plane）和控制面板（Control Plane）。数据面板指的是运行自己的 Service 和 Istio 的微服务插件 Envoy 所用的 Pod。而控制面板指的是做权限管理、网络管理、服务集约治理的中心化管理节点。

Istio 本身是一个技术栈，我们可以选用里面的各项技术及其任意组合，不需要全盘照搬它的技术解决方案，同时它的各个组件也可以选装插拔。比如 Istio 中负责服务发现、注册、熔断、降级的是 Envoy 插件，但 Istio 也支持选装其他 Service Mesh 插件，比如 Nginx 出品的 NginMesh。

第 4 章

Docker 技术简介

4.1 Docker 是什么

我们常说，传统 VM 解决的核心问题是资源调配的问题，而容器解决的核心问题是应用开发、测试和部署的问题。

虚拟化技术通过 Hypervisor 层抽象底层基础设施资源，提供相互隔离的虚拟机，通过统一配置、统一管理、计算资源的可运维性以及资源利用率，可以在一台物理机上同时运行多台虚拟主机，让硬件资源的利用效率得到有效的提升。同时，虚拟机提供客户机操作系统，客户机的变化不会影响宿主机，这样能够提供可控的测试环境，更能够屏蔽底层硬件甚至基础软件的差异性，使应用广泛兼容。然而，再厉害的虚拟化技术，都不可避免地会出现计算、I/O、网络性能损失，究其本质是因为多了一层软件，毕竟要运行一个完整的客户机操作系统。

传统 VM 需要在宿主机操作系统上通过 Hypervisor 对硬件资源进行虚拟化，而 Docker 直接使用宿主机操作系统调度硬件资源，所以在资源利用率上 Docker 远超传统 VM。

另外，传统 VM 的创建速度在容器面前不值一提，因为容器是利用宿主机的系统内核创建的，可以在几秒内大量创建，两者具有数量级上的差距。然而凡事都具有两面性，容器巨大性能优势的对立面是对安全和隔离问题的一系列妥协，后面会专门介绍架构师需要在安全方面留意的内容。

Docker 是用 Go 语言开发的，基于 Linux 内核的 CGroup、Namespace，以及 AUFS 类的 Union FS 技术，是对进程进行封装隔离的轻量级容器虚拟化技术之一。

Docker 通过容器虚拟化、共享内核，能够把应用需要的运行环境、缓存环境、数据库环境等封装起来，以最简单的方式支持应用运行，轻装上阵，性能更佳。Docker 镜像特性则让这种方式更加简单易行。当然，因为共享内核，容器隔离性没有虚拟机那么好。

通过 Docker 的特性，以容器化封装为基础，企业就可以很好地实现容器云（向云而生的架构）平台，包括但不限于微服务架构、DevOps，让开发团队可以从运维工作中解脱，集中精力在应用的快速上线、快速迭代方面。

那么 Docker 到底是什么呢？

根据 Docker 布道师 Jerome Petazzoni 的说法，Docker=LXC+AUFS（之前只支持 Ubuntu 时），其中 LXC 负责资源管理，AUFS 负责镜像管理。而 LXC 又包括 CGroup、Namespace、chroot 等组件，并通过 CGroup 进行资源管理。

所以只从资源管理这个角度来看的话，Docker、LXC、CGroup 三者的关系是，CGroup 在底层落实资源管理，LXC 在 CGroup 上封装了一层，Docker 又在 LXC 上封装了一层。

LXC 是 Linux 原生的容器工具，利用 LXC 容器能有效地将由单个操作系统管理的资源划分到孤立的组中，以更好地在孤立的组之间平衡有冲突的资源使用需求。

与虚拟化技术相比，这样既不需要指令级模拟，也不需要即时编译。容器可以在核心 CPU 本地运行指令，而不需要任何专门的解释机制，也避免了准虚拟化（paravirtualization）和系统调用替换中的复杂性。

容器在提供隔离的同时，还通过共享这些资源节省了开销，这意味着容器比传统虚拟化技术的开销要小得多。

比如，我们都知道 Linux 中有一个进程号为 1，名字为 init 的进程，系统服务的父进程都是 init 进程。但是，Docker 容器中进程号为 1 的进程是 bash，而不是 init。

一个运行的 Linux 中竟然没有 init 进程，简直太不思议了。这其实就得益于强大的 Linux 提供的 LXC 功能。宿主机器中运行的 Docker 服务就是该容器中 Ubuntu 系统的 init 进程。其实每个运行的容器仅仅是在宿主机器中运行的一个进程而已，在容器中运行的程序其实也是运行在宿主机器中的一个进程。Docker 通过 CGroup 将属于每个容器的进程分为一组进行资源（内存、CPU、网络、硬盘）控制，通过 Namespace 将属于同一个容器的进程划分为一组，使分属于同一个容器的进程拥有独立的进程名字和独立的进程号，比如宿主机器中在一个进程号为 1 的进程，容器中也存在一个进程号为 1 的进程。

在 Docker 出现之前，很多技术方案就是直接令应用调用 CGroup 隔离来运行资源的，但是这种隔离是粗隔离度、硬编码的，要想同时隔离资源和进程组，选用 Docker 是最好的。

4.2　Docker 的作用

我们可以这样理解，如果没有 Docker，快速发布、自动运维、自动扩容、实现微服务的动态伸缩，这些都是不可想象的。那么，Docker 到底有什么作用呢？我们来看一下 Docker 官方宣称的其在实际应用中的几大作用。

简化配置

简化配置是 Docker 的初始目的，传统 VM 最大的好处是能够基于应用配置无缝运行在任何平台上。Docker 可以提供类似的功能，且没有任何副作用，它能将环境和配置放入代码然后进行部署，同样地，Docker 配置能够在各种环境中使用，这实际上是实现了将应用环境和底层环境解耦。

代码管道化管理

使用 Docker 能够令代码从开发者的机器轻松发布到生产环境的机器，实现端到端的发布流程管理。因为在这个流程中会有各种不同的环境，每个环境都可能有微小的区别，Docker 提供了跨越这些异构环境的功能，以一致性的微环境从开发到部署实现流畅发布。

合并服务资源

使用 Docker 也能合并多个服务资源以降低费用，不占用过多的操作系统内存，跨实例共享多个空闲的内存，将提供紧密服务的资源有效合并。

作为多租户容器

Docker 可以作为云计算的多租户容器，使用 Docker 更容易为每个租户创建、运行多个实例，这得益于其灵活的发布和运维管理机制。

开发环境的生产化

我们通常希望开发环境能更加接近于生产环境，为此我们会让每个服务运行在自己的 VM 中，模拟生产环境。比如我们并不总是需要跨越网络连接，这样可以令多个 Docker 装载一系列服务在单机上运行，最大程度模拟生产分布式部署的环境。

应用隔离

有时需要在一台机器上运行多个应用,这就需要将原来的单体应用切分为很多微服务。若想实现应用之间的解耦,将多个应用服务部署在多个 Docker 中便能轻松达成。

快速部署

Docker 可以快速地启停容器,能够实现秒级的系统启动,比起传统虚拟机,启停速度堪称"光速"。

那么 Docker 是不是就是很多架构师梦寐以求的"银弹"呢?

虽然 Docker 性能非常好,有非常多的优点。但是一个公司要想把 Docker 用好,最重要的还是要把 Docker 整合到自己的业务场景和技术栈中,在业务创新、技术创新、业务压力、项目压力和 Docker 容器化之间找到一个平衡。

或者换句话来说,对于很多公司而言,Docker 是不是"银弹",是不是应用 Docker 就能一劳永逸解决所有问题,对此我的想法是,盲目地为了用 Docker 而用 Docker 的话,Docker 显然不是"银弹",但是若能基于 Docker 的切入从底向上梳理清楚自己的 DevOps 和微服务架构,那 Docker 就是"银弹"。

下面我们就以一个简单的 Java Web 项目为例,一起来看看如何只用四步就完成一个分布式应用的容器化。

4.2.1 用 Docker 快速搭建环境

本节我们以一个简单的 Java Web 项目为例,用四步实现应用的容器化。

第一步:在一台 CentOS 7 机器上安装 Docker,命令如下。

```
yum install docker
```

安装完成,查看安装是否成功。

```
docker info #查看 Docker 的情况
docker --version #查看 Docker 的版本
```

第二步:编写一个 Java Web 应用的 Dockerfile,代码如下。

```
FROM tomcat:7.0.85-jre7
MAINTAINER jiangbiao
ADD target/central-server.war  /usr/local/tomcat/webapps
RUN rm -rf /usr/local/tomcat/webapps/manager
RUN rm -rf /usr/local/tomcat/webapps/host-manager
RUN rm -rf /usr/local/tomcat/webapps/ROOT
RUN echo "Asia/Shanghai" > /etc/timezone;
```

第三步：编译生成 Docker 镜像。

```
docker build -t test/central-server:1.0.1 --rm=true .
```

第四步：运行镜像。

```
docker run -d -p 8080:8080  --name testWeb test/central-server:1.0.1
```

更进一步，如果我们想让一组容器串联运行，横向扩展集群应用，如图 4-1 所示，使 Nginx 下挂载两个 Tomcat 应用，每个 Tomcat 应用访问同一个 MySQL，我们可以采用 Docker Compose 编写容器串联启动的 yml 文件，具体操作如下。

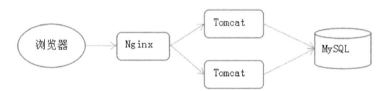

图 4-1　横向扩展集群应用

第一步：在 CentOS 7 中用 yum 源安装 Docker Compose。

```
yum install docker-compose
```

第二步：编写 nginx.conf，编译 Nginx 镜像。

```
user  nginx;
worker_processes  1;

error_log  /var/log/nginx/error.log warn;
pid  /var/run/nginx.pid;

events {
    worker_connections  1024;
}
```

```
http {
    include /etc/nginx/mime.types;
    default_type  application/octet-stream;

    log_format main '$remote_addr - $remote_user [$time_local] "$request" '
                    '$status $body_bytes_sent "$http_referer" '
                    '"$http_user_agent" "$http_x_forwarded_for"';

    access_log  /var/log/nginx/access.log  main;

    sendfile    on;
    #tcp_nopush  on;

    keepalive_timeout  65;

    #gzip  on;

    #include /etc/nginx/conf.d/*.conf;

    upstream tomcat_client {
        server t01:8080 weight=1;
        server t02:8080 weight=1;
    }

    server {
        server_name "";
        listen 80 default_server;
        listen [::]:80 default_server ipv6only=on;

        location / {
            proxy_pass http://tomcat_client;
            proxy_redirect default;
            proxy_set_header Host $host;
            proxy_set_header X-Real-IP $remote_addr;
        }
    }
}
```

其中最关键的部分如下，定义了两个后端 Tomcat 的名字。

```
upstream tomcat_client {
      server t01:8080 weight=1;
      server t02:8080 weight=1;
  }
```

接下来,我们利用 Nginx 基础镜像和上述 nginx.conf 中的代码来打一个自己的 Nginx 镜像包,编写如下的 Dockerfile。

```
#基础镜像
FROM nginx:stable

#作者
MAINTAINER jiangbiao

#定义工作目录
ENV WORK_PATH /etc/nginx

#定义 conf 文件名
ENV CONF_FILE_NAME nginx.conf

#删除原有配置文件
RUN rm $WORK_PATH/$CONF_FILE_NAME

#复制新的配置文件
COPY ./$CONF_FILE_NAME $WORK_PATH/

#赋予 shell 文件读权限
RUN chmod a+r $WORK_PATH/$CONF_FILE_NAME
```

执行如下命令,编译出自己配置的 Nginx 镜像。

```
docker build -t testnginx:0.0.1 .
```

第三步:编写 Docker Compose 的 yml 文件,代码如下。

```
version: '2'
services:
mysqldb:
image: mysql
environment:
MYSQL_DATABASE: sample
MYSQL_USER: mysql
```

```
MYSQL_PASSWORD: mysql
MYSQL_ROOT_PASSWORD: supersecret

nginx001:
    image: testnginx:0.0.1
    links:
      - tomcat001:t01
      - tomcat002:t02
    ports:
      - "80:80"
    restart: always

tomcat001:
image: test/central-server:1.0.1
links:
- mysqldb:db
    ports:
      - "8081:8080"
    environment:
      TOMCAT_SERVER_ID: tomcat_server_001
    restart: always

tomcat002:
image: test/central-server:1.0.1
links:
- mysqldb:db
    ports:
      - "8082:8080"
    environment:
      TOMCAT_SERVER_ID: tomcat_server_002
    restart: always
```

第四步：执行如下命令，在后台运行 Docker 容器组，将容器依次启动。

```
Docker-compose up -d
```

这里需要注意，Tomcat 中的 Java 应用访问数据库要使用如下的 hostname 形式。

```
jdbc_url=jdbc:mysql://db:3306/mydatabasename?useUnicode=true&characterEncoding=utf8
```

比起单纯的 Docker 命令，Docker Compose 的威力更大，而且编排好的 Docker Compose 配

置文件也能很容易地迁移到 Kubernetes 和 Rancher 上。

4.2.2 用 Docker 降低运维成本

当开发人员将 Docker 镜像提交测试，并通过测试之后，就可以将 Docker 镜像文件导出交给运维人员，直接上线发布了。注意，实际过程中需要考虑配置分离。

在没有自动化工具或者仓库的时候，可以用如下命令导出镜像。

```
sudo docker save -o central-server.tar test/central-server:1.0.1
```

然后用如下命令导入镜像。

```
docker load -i central-server.tar
```

对于运维人员而言，可以简单地监控 Docker 容器的状态（实际生产中一般会有自动化监控工具），比如查看容器 mymysql 的进程信息，命令如下。

```
runoob@runoob:~/mysql$ docker top mymysql
UID  PID  PPID  C  STIME  TTY  TIME  CMD999  40347  40331  18  00:58  ?  00:00:02  mysqld
```

若要查看所有运行容器的进程信息，命令如下。

```
for i in  `docker ps |grep Up|awk '{print $1}'`;do echo \ &&docker top $i; done
```

也可以通过如下命令查看容器日志（此处只会输出 stdout 日志，实际生产中一般会使用第三方插件收集日志）。

```
docker logs -f -t --since="2017-05-31" --tail=10 edu_web_1
```

以上命令中包括以下几个参数，具体的含义如下。

- -f：查看实时日志。

- -t：查看日志产生的日期。

- --since：指定了输出日志的开始日期，即只输出指定日期之后的日志。

- -tail=10：查看最后 10 条日志。

- edu_web_1：容器名称。

4.2.3　Docker 下自动发布

把上面的 build、run、deploy 和 Jenkins 整合起来，我们就能实现一个简单好用的自动发布平台，具体操作步骤如下。

第一步：用 Docker 容器启动 Jenkins，命令如下。

```
docker run -d -u root \
-p 8080:8080 \
-v/var/run/docker.sock:/var/run/docker.sock \
-v $(which docker):/bin/docker \
-v /var/jenkins_home:/var/jenkins_home \
jenkins
```

第二步：如图 4-2 所示，在 Jenkins 中选装 Pipeline，步骤如下。

- 新建 Pipeline。
- 新建 Git 和镜像仓库的 credential。
- 配置 Pipeline，例如定时触发、代码更新触发、Webhook 触发等。
- 在 Pipeline script 中填入相对应的发布脚本。

图 4-2　在 Jenkins 中选装 Pipeline

Jenkins Pipeline 的脚本语法是 Groovy 语法，并且有支持 Docker、Git 的插件。

同时，也有不用 Jenkins 这种"高大上"工具的做法，简单地使用一些 Python 脚本和 shell 脚本，同时配合 Git，也能实现轻量级的自动化发布和运维，具体步骤如下。

第一步：我们用如下的 Python 脚本进行 Git 分支的检出（代码只包含核心部分）。

```python
def main(argv):
    if len(argv) < 2:
        usage()
        sys.exit(1)
    projName = argv[1]
    tag = "master"
    #tag = "develop"

    if projName in PROJECTS.keys():
        (src, dest) = PROJECTS[projName]
    else:
        print 'Project name wrong!'
        usage()
        sys.exit(2)

    projPath = os.path.abspath(src)

    if gitUpdate(projPath,tag):
        print '*** building start! ***'
        build(projPath)
    else:
            print '*** rebuilding skipped ***'

    print '*********************************************'
    print '*** start rsync all filess ******************'
    print '*********************************************'
    runningPath = os.path.dirname(os.path.abspath(sys.argv[0]))
    exclude = runningPath + '/' +projName
    xclude = {'exclude':exclude, }

    if projName == "digi-push":
        src = src+projName+"/target/digi-push-1.0-SNAPSHOT-jar-with-dependencies.jar"
    else:
```

```
            src = src+projName+"/target/"+projName

    rs = rsync.Rsync(src, dest, '-auzv --delete -e ssh', xclude)
    #print rs.list()
    rs.run()
```

第二步:针对每一个 Web 工程,编写如下的 shell 脚本。

```
cd /server/script
source /etc/profile
./release.py adminweb
cd /server/publish/adminweb/
docker rmi tomcat_adminweb
docker rmi test_adminweb
docker build -t tomcat_adminweb .
docker tag tomcat_adminweb  test_adminweb
docker push testregistry:5000/tomcat_adminweb
```

用 Python 检出最新代码,编译 Docker 镜像,然后给该镜像标识上 tag,推入测试仓库。

第三步:用如下脚本对容器进行重启。

```
docker  stop adminweb
docker  rm adminweb
docker  run --name adminweb -d -p 8011:8009 -v /var/log/applog/:/var/log/applog/  test_adminweb
```

这样一来,我们就用 Python 脚本自动拉取了 Git 的最新代码,并自动编译,自动打包成了 Docker 镜像推送到仓库,还通过 shell 脚本自动重启了容器。把这些脚本串联起来,我们就能非常容易地实现 Docker 容器的持续交付流水线。

4.3 Docker 的生态圈

我们可以说,Docker 技术之所以强大,主要得益于其生态圈的繁荣。但是生态圈中丰富可用的开源工具同时也增加了技术选型和调研的成本。

与其说 Docker 是一门技术,不如说 Docker 是一个世界。Docker 有自己完备的技术栈,上通 DevOps 这样的软件开发流程思想,中接微服务架构和微服务治理,下沉网络通信和硬件管理技术。

下面，我们从容器引擎、云服务商、编排工具、操作系统、镜像仓库、监控这六个维度来看看 Docker 生态圈里都有哪些很棒的产品。

容器引擎

容器引擎是容器技术的核心。引擎通常通过一些说明性的描述（比如 Dockerfile）来创建和运行容器。谈到 Docker 时，一般指的就是 Docker 引擎。

- Docker Engine 是当前最流行的引擎，也是行业内主流的工业标准。

- rkt 是 CoreOS 团队主导的开源引擎，可用于替代 Docker 引擎。

支持 Docker 的云服务商

云服务商在他们的平台上提供运行容器的解决方案。有一些是内部的解决方案，其他的则是基于开源软件的解决方案。当然，在云主机上安装 Docker 来运行容器是没有任何问题的，不过大多数云服务商的容器服务能进一步地提供更加友好的用户管理界面。

Amazon EC2 Container Service 在 EC2 实例上运行容器服务。容器服务免费，只需要支付 EC2 费用即可。除此之外，还有很多常见的支持 Docker 的云服务商，具体如下。

- Google Container Engine 构建于 Kubernetes 之上。

- Azure（由 Microsoft 提供）提供了基于 Mesos 的 Docker 容器支持。

- Stackdock 提供了 Docker 容器托管服务。

- Tutum 也提供了 Docker 容器托管服务。

- GiantSwarm 是一家云平台，提供了运行于容器内的微服务架构的定制与托管服务。

- Joyent Triton 提供了 Docker 容器的监控和托管服务。

- Jelastic Docker 为容器部署提供了云托管编排工具。

容器编排工具

容器编排技术现在是最具竞争力的技术之一。管理少数几个容器很简单，但是调度、管理以及监控大规模容器却很具有挑战性。容器编排工具可以处理多种多样的任务，比如查找最优的位置或服务器来运行容器，处理失败的任务，分享储存卷，创建负载均衡与容器间通信的

OverLay 网络等。

常见的编排工具有以下几种。

- Kubernetes：Google 开源的工具，是基于 Google 的内部容器实施的，并且在功能特性方面是当前最先进的。

- Docker Swarm：允许在 Docker 集群中调度容器，与 Docker 环境紧密集成。

- Mesos：通用的数据中心管理系统，不是专为 Docker 开发的，但是能轻松管理容器，可以与其他编排系统（如 Kubernetes）集成，也可以与 Hadoop 一类的传统服务集成。

- Rancher：在机器集群上以 Stack（Linked 容器）为单位管理容器，具有直观的界面和良好的文档，本身运行在容器内部。

- CoreOS Fleet：CoreOS 操作系统的一部分，可以管理 CoreOS 集群中的任意调度命令（比如运行 Docker 或者 rkt 容器）。

- Nomad：通用的应用调度工具，支持 Docker。

- Centurion：New Relic 的内部部署工具。

- Flocker：运行在不同主机的容器间的数据/Volume 迁移工具。

- Weave Run：提供微服务架构的服务发现、路由、负载均衡和地址管理功能。

操作系统

我们可以在任何操作系统中运行容器，但是企业正越来越多地将基础设施容器化。因此，为 Docker 或相关服务运行一个最小化操作系统是非常有意义的。常见的运行容器的操作系统有以下几种，具体如下。

- CoreOS：CoreOS 是一款 OS 系统，但它是一款面向云的轻量级 OS 系统。CoreOS 以 Linux 系统为基础，为了建设数据中心而从 Linux 底层进行了内核裁减。CoreOS 提供了一系列的机制和工具来保证组建的云环境是安全、可靠、最新的。CoreOS 设计之初就被定位为提供动态缩放和集群管理能力的系统，可以方便管理如 Google 这样的庞大数据中心的集群。

- Project Atomic：运行 Docker、Kubernetes、rpm、systemd 的轻量级操作系统。

- RancherOS：只有 20MB 大小，用容器运行整个操作系统。它区分系统容器和用户容器，运行在分离的 Docker 守护进程中。
- Project Photon：VMware 开源的工具。

容器镜像仓库

容器镜像仓库是"容器镜像的 GitHub"，你可以利用它与团队成员或其他人分享容器镜像。下面介绍几个常见的仓库。

- Docker Registry：最流行的开源 Docker 仓库，可以利用它在自己的设施上运行或使用 Docker Hub。
- Docker Hub：提供了直观的界面、自动化构建方法、私有仓库以及众多官方镜像。
- Quay.io：CoreOS 开发的容器镜像仓库。
- CoreOS Enterprise Registry：着重提供细化权限和审计跟踪。

监控

容器输出的日志可以很方便地与已有日志收集工具整合。容器监控软件通常关注容器的资源（CPU、内存）使用情况。

- cAdvisor: Google 的开源项目。分析容器的资源使用情况和性能特性，可以用 InfluxDB 作为数据存储工具，以便后续分析。
- Datadog Docker：收集容器的运行信息，并发送到 Datadog 上进行分析。
- NewRelic Docker：发送容器统计信息到 NewRelic 的云服务上。
- Sysdig：监控容器资源的使用情况。
- Weave Scope：自动生成容器关系图，有助于理解、监控和控制应用服务。
- AppFormix：负责实时基础设施监控，支持 Docker 容器。

4.4 微服务与 Docker

我们可以说，在微服务的整体架构中，Docker "天生"适合在基础架构和技术架构上大展拳脚。表 4-1 比较了微服务架构和 Docker 架构，对应 scale cube，我们可以看到，微服务需要包括的功能点和 Docker 能力的吻合度非常高。

表 4-1 微服务架构和 Docker 架构比较

微服务架构	Docker 架构
X 轴水平克隆、水平扩展能力	Docker 镜像快速部署，镜像即代码
Y 轴功能分模块解耦	Docker 镜像独立完整，用 Docker Compose 等技术轻松串联 Docker 容器启动
Z 轴分区部署	Docker 与数据服务结合，一键式扩展

同时，我们说，Docker 的最大特性是"Build once，run anywhere"，即"编译一次，到处运行"。Docker"编译一次，到处运行"的特性可以让我们穿梭在不同的环境，把"代码+环境"打包在一个 tar 包里面，从产品到开发，再到测试与运维，无缝穿透，在每个服务节点上都能快速发布，快速扩容，实现全流程可测可量。

让我们设想一下，如果没有 Docker，让一个运维人员去管理生产中的上千个节点，以及几百种不同的服务的运维和发布，按照传统模式，这个运维人员需要记录每个版本的应用版本号、每个版本对应的环境，以及每个环境下启动和停止的脚本，这将会是一个呈指数级增长的巨大工作量的挑战。

就算使用了 Jenkins、Git，由于环境的多样性（一般的互联网公司有几套，甚至十几套环境，这都是很正常的），应用也会非常复杂多变。

我们可以用一个形象的公式说明：微服务下的系统复杂度 = 环境×配置×应用×运维脚本。当环境多重且应用被切分成多个微服务时，我们将会面临呈几何级增长的系统复杂度。

在这种情况下，怎么可能做到"丝般顺滑"地发布流水线呢？遇到这种情况该如何去做呢？答案就是应用 Docker！

基于 Dockerfile 编译出来的镜像，能够将代码和环境结合在一起，真正做到**编译即环境，环境即发布，发布即代码**。

如果再辅以容器编排技术，以及 SLB 的服务发现和注册，我们就能轻松搭建快速启动、自动挂载、自动摘除、自动扩容、对底层透明的轻量级 PaaS 平台，同时也能对应前面提到的 scale cube 中的 X、Y、Z 三轴。

在微服务的架构中，对于最前端的流量入口，比如暴露在公网上的 SLB 节点,我们在 Docker 中一般称之为边缘节点（edge-node）。

所谓的边缘节点就是集群内部用来向集群外部暴露服务能力的节点，集群外部的服务通过该节点来调用集群内部的服务，边缘节点是集群内外交流的一个 Endpoint。

在常见的传统部署模式中，我们用边缘节点来做公网入口，同时配合防火墙和三层交换机进行内外网隔离和网络安全区的划分。边缘节点会通过 Nginx/HAProxy 或者 LVS 进行四层或七层上的分发和路由，同时边缘节点的高可用性可以通过 Keepalived 进行主备，通过冗余节点保证 CAP 定理中的 AP（可用性和分区容错性）。

而在 Kubernetes 这样的容器编排工具中，往往提倡用 Ingress 来做入口控制，真实的 SLB 还是要用 Pod 的形式来启动的。

如果还想加入后端 Docker 容器的自动注册和摘取功能，还有一种技术方案可以考虑，即使用 Traefik。具体的技术细节会在后面的章节中详细介绍。

那么，是不是用了 Docker 我们就能轻松流畅地管理好或使用好微服务呢？

笔者觉得不是，对于很多技术管理者而言，他们往往会忽视一点：不是使用了 Docker 就能实现流畅的 PaaS 级管理。

想要用好 Docker，还需要进行容器编排、容器管理、中间件改造等一系列的工作。同时更重要的是，需要使用一个统一的、简单可行的门户级入口操作与这些组件协同工作，否则便会徒增团队的工作量，到最后变成一团乱麻。

所以笔者的结论就是，我们需要将一个容器云管理平台搭建在所有 Docker 的技术细节之上，帮助管理所有的 Docker 容器和微服务组件。因此，如果想实现"丝般顺滑"的容器管理，我们急迫需要的其实是一个功能架构如图 4-3 所示的容器云平台。

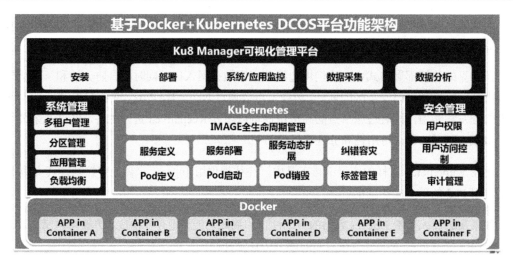

图 4-3　容器云平台

图 4-3 展示了 Docker 配合 Kubernetes 编排方式的实例架构。当然也可以更灵活一点，**不限于某一种容器编排工具。**

有人也许会说，这不是没事找事吗，我为什么要考虑多种不同的容器编排呢？

笔者根据亲身经历来告诉大家，其实把一个公司的生产级别的容器云平台强耦合在某一个服务编排工具上，这是有巨大风险的。

笔者曾经亲眼看到过某大型国企花了大量的人力物力把整套架构迁移到 Docker Swarm 上，使云平台强力关联 Swarm，结果可想而知，当社区不再推进 Swarm 而追捧 Kubernetes 时，该公司的系统架构便陷入了尴尬局面。

在本书后面的章节中，笔者会以自己在某中型互联网集团的亲身经历来现身说法，谈谈用 Rancher 搭建容器云平台的一点经验。

在这一部分中，我们将介绍 Docker 的技术架构、Docker 的进程模型、Docker 的容器本质、Docker 的运行时模型、Docker 的逻辑架构、Docker 的单机网络架构、Docker 的集群网络架构、Docker 的安全架构、Docker 与 DevOps 的关系、搭建 DevOps 平台的方式，以及 Docker 中常见的编排方式（如 Kubernetes、Swarm 等）。

作为更偏向工程化实践的架构师，虽说我们更多的情况下应考虑技术选型和技术在业务场景中的应用，但是适当了解技术的底层机制，对上层调优会更有好处。

通过这部分的学习，读者能够从较深入的角度切入 Docker 的各种底层实现，反过来为 Docker 大规模生产化做好准备。

Docker 架构与生态

第 5 章

Docker 技术架构

5.1 Docker 的进程模型

我们在一台 CentOS 7 系统安装 Docker 之后,再启动 Docker 服务,就能看到如下所示的进程。

```
[root@localhost ~]# ps -ef|grep docker
root 7562 1 0 Mar19 ? 00:30:06 /usr/bin/dockerd-current --add-runtime docker-runc=/usr/
libexec/docker/docker-runc-current --default-runtime=docker-runc --exec-opt native.CGr
oupdriver=systemd --userland-proxy-path=/usr/libexec/docker/docker-proxy-current --se
linux-enabled --log-driver=journald --signature-verification=false
root 7568 7562 0 Mar19 ? 00:03:54 /usr/bin/docker-containerd-current -l unix:///var/run
/docker/libcontainerd/docker-containerd.sock --shim docker-containerd-shim --metrics-i
nterval=0 --start-timeout 2m --state-dir /var/run/docker/libcontainerd/containerd --ru
ntime docker-runc --runtime-args --systemd-CGroup=true
root 7714 7568 0 Mar19 ? 00:00:08 /usr/bin/docker-containerd-shim-current f930e687f1c4
f3472d590d43943c761883c79f663ccde742f2f9f4572f382d70 /var/run/docker/libcontainerd/f9
30e687f1c4f3472d590d43943c761883c79f663ccde742f2f9f4572f382d70 /usr/libexec/docker/do
cker-runc-current
```

在这些进程中,由 Docker 服务启动的第一个进程是/usr/bin/dockerd,它是整个 Docker 服务端启动的入口,也就是我们常说的 Docker Daemon、Docker Engine。

而 dockerd 的子进程 docker-containerd,则是 Docker 服务端的核心进程,负责与 Docker 客户端进行通信交互,与 Docker 容器之间进行通信交互,执行 docker run 命令,fork 出 Docker 容器进程。几乎所有的核心操作都发生在这里。

同时我们可以留意到,docker-containerd 中有一个启动参数如下。

```
-l unix:///var/run/Docker/libcontainerd/Docker-containerd.sock
```

这个参数的作用是，打开一个 sock 描述符，实现所有的 Docker 容器和 Docker 客户端之间的通信。

Socket API 原本是为网络通信设计的，但后来发展出了另一种 IPC 机制，就是 UNIX Domain Socket。虽然网络 socket 也可用于同一台主机的进程间通信（通过 loopback 地址 127.0.0.1），但是将 UNIX Domain Socket 用于 IPC 会更有效率——不需要经过网络协议栈，不需要打包拆包、计算校验、维护序号、应答等，只需将应用层数据从一个进程复制到另一个进程即可。这是因为，IPC 机制本质上便是可靠的通信，而网络协议是为不可靠的通信设计的。UNIX Domain Socket 也提供了面向流和数据包的两种 API 接口，类似于 TCP 和 UDP，面向消息的 UNIX Domain Socket 也是可靠的，消息既不会丢失，也不会顺序错乱。

UNIX Domain Socket 是全双工的，API 接口语义丰富，相比于其他 IPC 机制有明显的优越性，目前已成为使用最广泛的 IPC 机制，比如 X Window 服务器和 GUI 程序之间就是通过 UNIX Domain Socket 进行通信的。

使用 UNIX Domain Socket 的过程和使用网络 socket 的过程十分相似，也要先调用 socket() 创建一个文件描述符，将 address family 指定为 AF_UNIX，type 则可以选择 SOCK_DGRAM 或 SOCK_STREAM，protocol 参数仍然指定为 0。

UNIX Domain Socket 与网络 socket 编程最明显的不同在于，它们的地址格式不一样。UNIX Domain Socket 的地址用结构体 sockaddr_un 表示，网络 socket 编程的地址则用 IP 地址加端口号来表示。UNIX Domain Socket 的地址是一个 socket 类型的文件在文件系统中的路径，这个文件由 bind() 方法调用创建，如果调用 bind() 时该文件已存在，则 bind() 将返回错误。

此时，如果用 docker run 命令启动一个容器，就会生成一个 docker-containerd 的子进程 docker-containerd-shim，这个进程中运行着镜像。

我们可以这样概括 Docker 的进程模型——dockerd 守护进程 fork 出 docker-containerd 子进程，用来管理所有容器，docker-containerd 进程 fork 出 docker-containerd-shim 子进程，该进程中运行了具体的镜像。

在这里，笔者想先针对 Docker 的进程模型提几个问题，这也是笔者第一次了解到 Docker 时想到的。

- 每个容器内能启动几个进程？

- 每个容器内部的进程号是不是隔离的?
- 容器内的应用是以容器进程形式启动的,还是以独立进程形式启动的?
- Docker 容器进程中会不会出现僵尸进程或者孤儿进程?
- Docker 守护进程宕机重启之后能不能实现针对容器的进程监控?

下面我们来一一回答这些问题。

5.1.1 容器中进程启动的两种模式

Docker 容器内运行的进程对于宿主机而言,是独立进程,还是 Docker 容器进程?答案是:首先所有 Docker 容器内启动的进程全部都是宿主机上的独立进程;其次,该进程是不是 Docker 容器进程本身要依据 Dockerfile 的写法判定。具体解释如下。

在 ENTRYPOINT 和 CMD 指令中,提供了两种不同的进程执行方式:shell 和 exec。

在 shell 方式中,CMD/ENTRYPOINT 指令如下定义。这种方式中的 1 号进程是以/bin/sh -c "executable param1 param2"方式启动的。

```
CMD executable param1 param2
```

而在 exec 方式中,CMD/ENTRYPOINT 指令如下定义。此时 1 号进程会以 executable param1 param2 方式而不是 shell 方式启动。

```
CMD ["executable","param1","param2"]
```

下面我们分别利用不同的 Dockerfile 来创建两个镜像。

DockerfileForshell 文件内容如下,会利用 shell 方式启动 redis 进程。

```
FROM ubuntu:14.04
RUN apt-get update && apt-get -y install redis-server && rm -rf /var/lib/apt/lists/*
EXPOSE 6379
CMD "/usr/bin/redis-server"
```

DockerfileForexec 文件内容如下,会利用 exec 方式启动 redis 进程。

```
FROM ubuntu:14.04
RUN apt-get update && apt-get -y install redis-server && rm -rf /var/lib/apt/lists/*
EXPOSE 6379
```

```
CMD ["/usr/bin/redis-server"]
```

然后基于以上内容构建两个镜像：myredisshell 和 myredisexec。首先来看一下如何构建 myredisshell 镜像，代码如下。

```
[root@localhost shell]# docker build -t myredisshell -f dockerfile.
Sending build context to Docker daemon 2.048 kB
Step 1 : FROM ubuntu:14.04
 ---> a35e70164dfb
Step 2 : RUN apt-get update && apt-get -y install redis-server && rm -rf /var/lib/apt
/lists/*
 ---> Using cache
 ---> da5045d41324
Step 3 : EXPOSE 6379
 ---> Using cache
 ---> f2f33f0d3d72
Step 4 : CMD "/usr/bin/redis-server"
 ---> Using cache
 ---> 39504105f020
Successfully built 39504105f020
```

下面我们来看一下如何构建 myredisexec 镜像，代码如下。

```
[root@localhost exec]# docker build -t myredisexec -f dockerfile .
Sending build context to Docker daemon 2.048 kB
Step 1 : FROM ubuntu:14.04
 ---> a35e70164dfb
Step 2 : RUN apt-get update && apt-get -y install redis-server && rm -rf /var/lib/apt
/lists/*
 ---> Using cache
 ---> da5045d41324
Step 3 : EXPOSE 6379
 ---> Using cache
 ---> f2f33f0d3d72
Step 4 : CMD /usr/bin/redis-server
 ---> Using cache
 ---> d27def8a3e78
Successfully built d27def8a3e78
```

接下来运行 myredisshell 镜像，我们可以发现，它的启动进程（PID1）是/bin/sh -c "/usr/bin/redis-server，并且创建了一个子进程/usr/bin/redis-server *:6379，具体如下。

```
[root@localhost exec]# docker exec -it 82257ee079ce5704324bf3a81559810b027d695262cba22
02fa36bc780ca1142 ps -ef
UID        PID  PPID  C STIME TTY          TIME CMD
root         1     0  0 03:57 ?        00:00:00 /bin/sh -c "/usr/bin/redis-serve
root         5     1  0 03:57 ?        00:00:00 /usr/bin/redis-server *:6379
root         8     0  0 03:57 ?        00:00:00 ps -ef
```

下面运行 myredisexec 镜像，可以发现，它的启动进程是 /usr/bin/redis-server *:6379，并没有其他子进程存在。

```
[root@localhost exec]# docker run -d myredisexec
b072d3f1df90ed285945c904460db6302ed044bbc4ee402465a5c0218642914d
[root@localhost exec]# docker exec -it b072d3f1df90ed285945c904460db6302ed044bbc4ee402
465a5c0218642914d ps -ef
UID        PID  PPID  C STIME TTY          TIME CMD
root         1     0  0 03:58 ?        00:00:00 /usr/bin/redis-server *:6379
root         7     0  0 03:58 ?        00:00:00 ps -ef
```

由此我们可以清楚地看到，在 myredisexec 镜像中，因为我们以 exec 方式启动容器中的 redis 进程，所以 redis 进程就是容器进程本身，也就是说，容器中启动的 redis 进程就是容器内的 1 号进程；而在如下所示的 myredisshell 镜像中，因为我们用 shell 方式启动容器中的 redis 进程，所以被容器启动的 redis 进程是容器进程的一个子进程，是独立存在的。

```
[root@localhost exec]# ps aux|grep redis
root     26773  0.0  0.0   6492   620 ?        Ss   11:57   0:00 /bin/sh -c "/usr/bin/redis-server"
root     26796  0.0  0.1  39052  7556 ?        Sl   11:57   0:00 /usr/bin/redis-server *:6379
root     26905  0.1  0.1  39052  7552 ?        Ssl  11:58   0:00 /usr/bin/redis-server *:6379
root     26958  0.0  0.0 114704   964 pts/0    S+   11:59   0:00 grep --color=auto redis
```

除了在进程是否独立方面有一定区别，这两种启动模式导致进程的退出机制也完全不同，从而形成了僵尸进程和孤儿进程。

具体说来，Docker 提供了 docker stop 和 docker kill 两个命令向容器中的 1 号进程发送信号。当执行 docker stop 命令时，Docker 会首先向容器的 1 号进程发送一个 SIGTERM 信号，用于容器内程序的退出。如果容器在收到 SIGTERM 信号后没有结束进程，那么 Docker Daemon 会在等待一段时间（默认是 10 秒）后再向容器发送 SIGKILL 信号，将容器杀死并变为退出状态。

这种方式给 Docker 应用提供了一个优雅的退出机制，允许应用在收到 stop 命令时清理和释放使用中的资源。

而 docker kill 命令可以向容器内的 1 号进程发送任何信号，默认是发送 SIGKILL 信号来强制退出应用。（注：从 Docker 1.9 版本开始，Docker 支持停止容器时向其发送自定义信号，开发者可以在 Dockerfile 中使用 STOPSIGNAL 指令，或在 docker run 命令中使用 --stop-signal 参数指明容器退出机制，该参数的缺省值是 SIGTERM。）

下面来看一看不同进程模式对进程信号处理方式的不同之处。

首先，我们使用 docker stop 命令停止由 exec 模式启动的容器，并检查其日志，内容如下所示。

```
[root@localhost exec]# docker stop b072d3f1df90ed285945c904460db6302ed044bbc4ee402465a5c0218642914d
b072d3f1df90ed285945c904460db6302ed044bbc4ee402465a5c0218642914d
[root@localhost exec]# docker logs -f b072d3f1df90ed285945c904460db6302ed044bbc4ee402465a5c0218642914d
[1] 02 May 03:58:22.759 # Warning: no config file specified, using the default config. In order to specify a config file use /usr/bin/redis-server /path/to/redis.conf
```

```
[1] 02 May 03:58:22.768 # Server started, Redis version 2.8.4
[1] 02 May 03:58:22.769 # WARNING overcommit_memory is set to 0! Background save may fail under low memory condition. To fix this issue add 'vm.overcommit_memory = 1' to /etc/sysctl.conf and then reboot or run the command 'sysctl vm.overcommit_memory=1' for this to take effect.
[1] 02 May 03:58:22.769 * The server is now ready to accept connections on port 6379
```

```
[1][signal handler] (1525233613) Received SIGTERM, scheduling shutdown...
[1] 02 May 04:00:13.671 # User requested shutdown...
[1] 02 May 04:00:13.671 * Saving the final RDB snapshot before exiting.
[1] 02 May 04:00:13.765 * DB saved on disk
[1] 02 May 04:00:13.765 # Redis is now ready to exit, bye bye...
```

我们在容器日志中看到了"Received SIGTERM, scheduling shutdown..."的内容，说明redis-server进程已经接收到了SIGTERM消息，并优雅地关闭了资源，然后退出。

我们再对利用shell模式启动的容器发出停止命令，并检查其日志，如下所示。

```
[root@localhost exec]# docker stop 82257ee079ce5704324bf3a81559810b027d695262cba2202fa36bc780ca1142
82257ee079ce5704324bf3a81559810b027d695262cba2202fa36bc780ca1142
[root@localhost exec]# docker logs -f 82257ee079ce5704324bf3a81559810b027d695262cba2202fa36bc780ca1142
[5] 02 May 03:57:01.600 # Warning: no config file specified, using the default config. In order to specify a config file use /usr/bin/redis-server /path/to/redis.conf
```

```
Redis 2.8.4 (00000000/0) 64 bit

Running in stand alone mode
Port: 6379
PID: 5

http://redis.io
```

```
[5] 02 May 03:57:01.610 # Server started, Redis version 2.8.4
[5] 02 May 03:57:01.611 # WARNING overcommit_memory is set to 0! Background save may fail under low memory condition. To fix this issue add 'vm.overcommit_memory = 1' to /etc/sysctl.conf and then reboot or run the command 'sysctl vm.overcommit_memory=1' for this to take effect.
[5] 02 May 03:57:01.611 * The server is now ready to accept connections on port 6379
```

可以观察到，容器停止非常缓慢，而且日志中没有优雅关机的内容。

究其原因在于，用 shell 脚本启动的容器，其 1 号进程是 shell 进程。shell 进程中没有对 SIGTERM 信号的处理逻辑，所以它忽略了接收到的 SIGTERM 信号。

当 Docker 等待 stop 命令执行 10 秒超时之后，Docker Daemon 将发送 SIGKILL 信号强制杀死 1 号进程，并销毁它的 PID 命名空间，其子进程 redis-server 也在收到 SIGKILL 信号后被强制终止并退出。如果此时应用中还有正在执行的事务或未持久化的数据，强制退出进程可能导致数据丢失或状态不一致。

所以，容器的 1 号进程必须能够正确地处理 SIGTERM 信号来支持优雅退出。如果容器中包含多个进程，则需要 1 号进程能够正确地传播 SIGTERM 信号来结束所有的子进程，之后再退出。

当然，更正确的做法是，令每个容器中只包含一个进程，同时都采用 exec 模式启动进程。这也是 Docker 官方文档所推崇的做法。

5.1.2　容器中的进程隔离模型

创建名为 redis 的容器，并在容器内部和宿主机中查看容器中的进程信息，具体如下。

```
docker run -d --name redis redis
f6bc57cc1b464b05b07b567211cb693ee2a682546ed86c611b5d866f6acc531c
docker exec redis ps -ef
UID PID PPID C STIME TTY TIME CMD
redis 1 0 0 01:49 ? 00:00:00 redis-server *:6379
root 11 0 0 01:49 ? 00:00:00 ps -ef
docker top redis
UID PID PPID C STIME TTY TIME CMD
999 9302 1264 0 01:49 ? 00:00:00 redis-server *:6379
```

创建名为 redis2 的容器，并在容器内部和宿主机中查看容器中的进程信息，具体如下。

```
docker run -d --name redis2 redis356eca186321ab6ef4c4337aa0c7de2af1e01430587d6b0e1add2
e028ed05f60
docker exec redis2 ps -ef
UID PID PPID C STIME TTY TIME CMD
redis 1 0 0 01:50 ? 00:00:00 redis-server *:6379
root 10 0 4 01:50 ? 00:00:00 ps -ef
docker top redis2
```

```
UID PID PPID C STIME TTY TIME CMD
999 9342 1264 0 01:50 ? 00:00:00 redis-server *:6379
```

我们可以使用 docker exec 命令进入容器的 PID 命名空间，并执行应用。通过 ps -ef 命令，可以看到每个 redis 容器中都包含一个 PID 为 1 的进程 redis-server。这说明每个容器内部的 PID 和进程体系都是相互隔离、互不影响的。

5.1.3 容器的自重启

在 Docker 中，如果 docker run 命令指明了重启策略，则 Docker Daemon 会监控 1 号进程，并根据策略自动重启已结束的容器。

表 5-1 展示了 Docker 中默认的集中重启策略。

表 5-1 Docker 中默认的集中重启策略

重启策略	结果
no	不自动重启，是重启策略的默认值
on-failure[:max-retries]	当 1 号进程退出值非 0 时，自动重启容器；可以指定最大重启次数
always	永远自动重启容器；当 Docker Daemon 启动时，便会自动启动容器
unless-stopped	永远自动重启容器；当 Docker Daemon 启动时，如果之前的容器状态不为 stopped 就自动启动容器

注意！

为防止频繁重启故障应用导致系统过载，Docker 会在每次重启过程中设置一段延迟时间。Docker 重启进程的延迟时间从 100ms 开始加倍增长，如 100ms、200ms、400ms 等。

利用 Docker 内置的重启策略可以大大降低应用进程监控的负担。但是 Docker Daemon 只监控 1 号进程，如果容器内包含多个进程，仍然需要开发人员来处理进程监控。

很多 Sidekick 的 Docker 辅助容器中都大量使用了该选项，让容器可以自重启。最典型的便要属 Rancher Agent 容器，本书后面会讲到。（注：所谓的 Sidekick 容器就是底层架构中脱离业务的容器，是实现基础设施、基础架构的一种底层容器。这种容器一般是一台宿主机运行一个的，可以自重启，同时以高级权限运行，可以监听宿主机上所有容器的状态和日志，实现对业务容器的启停操作。）

5.1.4 容器中用户权限的隔离和传递

因为 Docker 的启动需要相当大的用户权限，所以实际上 Docker 服务用户组的权限近似于操作系统 root 用户的权限，并且该权限会传递给每个 fork 进程，这对系统而言是有安全隐患的。

```
docker run -v /:/hostOS -i -t chrisfosterelli/rootplease
```

比如上面这行命令，其作用便是从 Docker Hub 上下载一个恶意镜像，然后运行。参数 -v 将容器外部的目录 / 挂载到容器内部的 /hostOS 上，并且使用 -i 和 -t 参数进入容器的 shell 脚本。

这个容器的启动脚本是 exploit.sh，主要内容是通过 chroot 命令将当前容器的运行目录切换到 /hostOS 上，然后获取宿主机的 root 权限。大家可以在 GitHub 上进行搜索，查看详细代码。

其脚本的输出如下。

```
johndoe@testmachine:~$ docker run -v /:/hostOS -i -t chrisfosterelli/rootplease
[...]
You should now have a root shell on the host OS
Press Ctrl-D to exit the docker instance / shell# whoami
root
# 此处是容器内部，但是容器已经通过 chroot 将目录切换到了/hostOS，所以相当于直接获取了宿主机的 root
# 权限
```

我们知道，Docker 组内用户执行命令的时候会自动在所有命令前添加 sudo。同时 Docker 运行时要调用很多系统资源，会给予所有 Docker 组的用户相当大的权力（虽然权力只体现在能访问/var/run/Docker.sock 上面）。

默认情况下，Docker 软件包会添加一个 Docker 用户组，Docker 守护进程将允许 root 用户和 Docker 组用户访问 Docker。但是给用户提供 Docker 权限与给用户提供无须认证便可以随便获取的 root 权限差别不大，所以当应用运行在 Docker 用户组下面的时候，本质上和拿到用户组的 root 权限没有区别。

对于 Docker 来说，上述问题可能很难修复，因为涉及架构问题，所以需要重写非常多的关键代码才能避免。Docker 官方也意识到了这个问题，尽管他们并没有很直接地表明想去修复，但在官方安全文档中，他们的确表示，Docker 用户组的权限和 root 权限差别不大，并且警告用户要慎重使用。

5.1.5　Docker 守护进程宕机的处理机制

按照 Docker 原先的设计，当通过 service docker stop 命令停止 Docker 或者 Docker 守护进程异常退出时，所有开启的 Docker 容器都会宕机，相当于很多个容器同时失效，不再具备高可用性，原因是所有的 Docker 容器进程都是 Docker 守护进程的子进程。

为了解决这个实际运行中的问题，Docker 1.12 版本中增加了 live-restore 选项，去掉了 Docker 守护进程的依赖。即使 dockerd 进程关闭，容器照样可以运行。dockerd 进程恢复后，容器也可以重新被 dockerd 进程管理。

具体实现方法是在 /etc/docker/daemon.json 中添加 "live-restore": true 命令，在 /usr/lib/systemd/system/docker.service 中添加 KillMode=process 命令。这样就可以使容器不再跟随 Docker 守护进程宕机。注意以下几点。

- 重启时的 live-restore。live-restore 选项仅可以恢复重启前后配置相同的 Daemon。例如，如果 Daemon 重启之后使用了不同的网桥 IP 地址或不同的 graphdrive，则 live-restore 将无法工作。

- live-restore 对正在运行的容器产生的影响。Daemon 长时间离线会影响运行中的容器。容器在运行时需要向 Daemon 写日志。如果由于 Daemon 变得不可用而无法处理输出，缓存将会被填满进而阻塞容器进一步写日志，我们必须重启 Docker 来刷新缓存。默认的缓存大小为 64KB，可以通过改变 /proc/sys/fs/pipe-max-size 值来更改内核缓存的大小。

- live-restore 与 Swarm 模式。live-restore 选项与 Docker Engine Swarm 模式不兼容。当 Docker Engine 运行在 Swarm 模式下时，编排功能管理任务无法使容器根据服务规范运行。

5.2　容器的本质

结合很多观点，我们其实可以简单地给容器下一个定论：容器 = CGroups + Namespace + Rootfs。

下面，我们就按上述顺序来简单介绍各个技术模块。

5.2.1 Namespace 解惑

Namespace 是 Linux 提供的一种内核级别的环境隔离方法。

早期，UNIX 中有一个类似的技术叫作 chroot，由于内部的文件系统无法访问外部的内容，因此实现了简单的隔离。而 Namespace 正是在此基础上提供了对 Mount、UTS、IPC、PID、Network、User 等进行隔离的机制。

举个例子来说，我们都知道，Linux 下超级父进程的 PID 是 1，所以，如果我们可以把用户的进程空间通过 jail 隔离到某个进程分支下，并像 chroot 那样，对于每个进程的所有子进程而言，令它们的超级父进程的 PID 为 1，就可以达到资源隔离的效果。这也就是前文中我们看到每个容器都有自己的 1 号进程的原因。

如表 5-2 所示，Namespace 有如下种类。

表 5-2 Namespace 的种类

分 类	参 数	支持的内核版本
Mount Namespace	CLONE_NEWNS	2.4.19 以上
UTS Namespace	CLONE_NEWUTS	2.6.19 以上
IPC Namespace	CLONE_NEWIPC	2.6.19 以上
PID Namespace	CLONE_NEWPID	2.6.24 以上
Network Namespace	CLONE_NEWNET	2.6.29 以上
User Namespace	CLONE_NEWUSER	3.8 以上

Namespace 的实现主要基于以下三个系统方法。

- clone()：实现线程的系统调用，用来创建一个新的进程，并可以通过设置上述参数实现隔离。

- unshare()：使某个进程脱离某个 Namespace。

- setns()：把某个进程加入某个 Namespace 中。

比如我们可以用下面的 C 语言代码启用 Mount Namespace，并在子进程中重新挂载/proc 文件系统。

```
int container_main(void* arg)
{
```

```c
    printf("Container [%5d] - inside the container!/n", getpid());
    sethostname("container",10);
    /* 重新挂载mount proc文件系统到 /proc下 */
    system("mount -t proc proc /proc");
    execv(container_args[0], container_args);
    printf("Something's wrong!/n");
    return 1;
}
int main()
{
    printf("Parent [%5d] - start a container!/n", getpid());
    /* 启用 Mount Namespace, 增加 CLONE_NEWNS 参数 */
    int container_pid = clone(container_main, container_stack+STACK_SIZE,
            CLONE_NEWUTS | CLONE_NEWPID | CLONE_NEWNS | SIGCHLD, NULL);
    waitpid(container_pid, NULL, 0);
    printf("Parent - container stopped!/n");
    return 0;
}
```

因为在 Linux 里一切皆文件，所以同样可以通过文件目录看到 Namespace 的内核态。比如启动一个 PID 为 27166 的 Docker 容器，我们就能从系统目录中看到如下的内核态映射。

```
[root@localhost ns]# ll
total 0
lrwxrwxrwx 1 root root 0 May  2 12:08 ipc -> ipc:[4026531839]
lrwxrwxrwx 1 root root 0 May  2 12:08 mnt -> mnt:[4026531840]
lrwxrwxrwx 1 root root 0 May  2 12:08 net -> net:[4026531956]
lrwxrwxrwx 1 root root 0 May  2 12:08 pid -> pid:[4026531836]
lrwxrwxrwx 1 root root 0 May  2 12:08 user -> user:[4026531837]
lrwxrwxrwx 1 root root 0 May  2 12:08 uts -> uts:[4026531838]
[root@localhost ns]# pwd
/proc/9660/ns
```

5.2.2　Rootfs 解惑

Rootfs 代表一个 Docker 容器在启动时（而非运行时）其内部进程的文件系统，或者可以说是 Docker 容器的根目录。

该目录下含有 Docker 容器所需要的系统文件、工具、容器文件等。一般来说，Linux 操作系统内核启动时，首先会挂载一个只读（read-only）的 Rootfs，当系统检测过其完整性之后，会决定是否将其切换为读写（read-write）模式，然后在 Rootfs 之上另行挂载一种文件系统并忽略 Rootfs。

Docker 架构依然沿用 Linux 中的 Rootfs 思想。

当 Docker Daemon 为 Docker 容器挂载 Rootfs 的时候，与传统 Linux 内核类似，要将其设定为只读模式。但是在 Rootfs 挂载完毕之后，和 Linux 内核不一样的是，Docker Daemon 没有将 Docker 容器的文件系统设为读写模式，而是利用 union mount 技术，在这个只读的 Rootfs 之上再挂载一个读写的文件系统，挂载时该读写文件系统内是空的

在实际落地中，如果说 Rootfs 是指 Linux 系统的根目录，且 Docker 用 Mount Namespace 来给每个容器设置一个虚拟根目录，那么这个根目录的物理地址是什么呢？具体如下。

```
[root@localhost 2bdb0a8e3a4202451a1e7ef7f9926f44d7df9539f880f5450a2cb504a9ba2909]# ll
total 16032
-rw-r----- 1 root root 15365970 May  2 12:08 2bdb0a8e3a4202451a1e7ef7f9926f44d7df9539f8
80f5450a2cb504a9ba2909-json.log
-rw-r--r-- 1 root root     4518 Mar 19 12:35 config.v2.json
-rw-r--r-- 1 root root     1280 Mar 19 12:35 hostconfig.json
-rw-r--r-- 1 root root       13 Mar 19 12:35 hostname
-rw-r--r-- 1 root root      180 Mar 19 12:36 hosts
-rw-r--r-- 1 root root      134 Mar 19 12:36 resolv.conf
-rw-r--r-- 1 root root       71 Mar 19 12:35 resolv.conf.hash
drwxr-xr-x 2 root root        6 Mar 19 12:35 secrets
drwx------ 2 root root        6 Mar  9 08:56 shm
[root@localhost 2bdb0a8e3a4202451a1e7ef7f9926f44d7df9539f880f5450a2cb504a9ba2909]# pwd
/var/lib/docker/containers/2bdb0a8e3a4202451a1e7ef7f9926f44d7df9539f880f5450a2cb504a9ba2909
[root@localhost 2bdb0a8e3a4202451a1e7ef7f9926f44d7df9539f880f5450a2cb504a9ba2909]#
```

我们可以看到，上面框起来的地址就是该容器的物理存储地址。

但是要注意，这里保存的是运行中的容器的文件，而镜像文件在如下的 Docker inspect 镜像名的命令中可以看到。因为篇幅有限，下面只截取了一部分信息。

```
[root@localhost 2bdb0a8e3a4202451a1e7ef7f9926f44d7df9539f880f5450a2cb504a9ba2909]# do
cker inspect myredisshell
[

        "RootFS": {
            "Type": "layers",
```

```
        "Layers": [
            "sha256:92fb50b4d953c72eb1d5c045bab47a78f5c02348d8f004f7229a7b8fef16608d",
            "sha256:e95051d9cb9b95bf46df6cf5affab21157019659b3405e9c69f1f4a8376b24e7",
            "sha256:3abb69fb15dc83c0bf7a562f7bda73844fd20ed8cc4aec7b28ebd4113797cd9a",
            "sha256:dd420adea0d3f9f9da8500d4a8ec542ae0a32e78de557c9ce3755bd416431b5a",
            "sha256:65262d4f5516e81457c1ad5e14da8fbf66a999557107bbc7c2a635cbf94e64d9",
            "sha256:bf9a2e964275a963db8fa8116cf71497e415bdda55b386fc5aaba31c1d499395"
        ]
    }
}
]
```

在上面的 layer 中可以看到该镜像文件中每个 layer 的唯一标识。拿到这个 layer 的唯一标识后,就能在物理地址上找到它。

```
[root@localhost 92fb50b4d953c72eb1d5c045bab47a78f5c02348d8f004f7229a7b8fef16608d]# pwd
/var/lib/docker/image/devicemapper/layerdb/sha256/92fb50b4d953c72eb1d5c045bab47a78f5c
02348d8f004f7229a7b8fef16608d
[root@localhost 92fb50b4d953c72eb1d5c045bab47a78f5c02348d8f004f7229a7b8fef16608d]# ll
total 736
-rw-r--r-- 1 root root     64 Mar 15 11:57 cache-id
-rw-r--r-- 1 root root     71 Mar 15 11:57 diff
-rw-r--r-- 1 root root      9 Mar 15 11:57 size
-rw-r--r-- 1 root root 738549 Mar 15 11:57 tar-split.json.gz
```

同时,如果观察一下 Docker 源码,就能看到,源码中是通过下面的方法在进程中切换 Rootfs 的。

```
syscall.PrvotRoot(rootfs,pivotDir)
```

最后,简单讲一下 union mount 技术。我们都知道,每一个 Docker 镜像其实都是通过多个 layer 拼接而成的,每个 layer 都存放在物理机的磁盘上。

子进程在不写入数据时,会和父进程共用一个内存页。只有当子进程中有数据写入时,才会开辟新的内存页。因此 Docker 只有启动容器,修改数据,再被存为镜像后,才会触发回写硬盘,生成新的 layer。

大家可以在 GitHub 上查看各个镜像的 layer 依赖关系。

5.2.3　CGroups 解惑

CGroups（Control Groups）最初叫作 Process Container，是由 Google 工程师 Paul Menage 和 Rohit Seth 于 2006 年提出的，后来因为 Container 有多重含义容易引起误解，于是便在 2007 年被更名为 Control Groups，并被整合进了 Linux 内核。

CGroups 顾名思义，就是把进程放到一个组里面统一加以控制，其官方定义如下：CGroups 是 Linux 内核提供的一种机制，这种机制可以根据特定的行为把一系列系统任务及其子任务整合（或分隔）到按资源划分等级的不同组内，从而为系统资源管理提供一个统一的框架。

实现 CGroups 主要是为了实现不同用户层面的资源管理，为不同层面的用户提供一个统一化的接口，实现从单个进程的资源控制到操作系统层面的虚拟化。具体来说，CGroups 提供了以下四个功能。

- 资源限制（Resource Limitation）：CGroups 可以对进程组使用的资源总额进行限制，可以设定应用运行时使用内存的上限，一旦超过这个上限就发出 OOM（Out of Memory）信息。

- 优先级分配（Prioritization）：CGroups 会对不同进程分配 CPU 时间片数量及硬盘 I/O 带宽，实际上就相当于控制了进程运行的优先级。

- 资源统计（Accounting）：CGroups 可以统计系统的资源使用量，如 CPU 使用时长、内存用量等，这个功能非常适用于计费。

- 进程控制（Control）：CGroups 可以对进程组执行挂起、恢复等操作。

本质上来说，CGroups 是内核附加在程序上的一系列钩子（hook），通过程序运行时对资源的调度触发相应的钩子以达到资源追踪和限制的目的。

CGroups 通过对进程分组来分配不同的系统资源，比如 CPU、内存、I/O、带宽，以及 ulimit。我们可以在以下文件目录中看到内核态的映射。

```
[root@localhost cpuset]# pwd
/sys/fs/cgroup/cpuset
[root@localhost cpuset]# ll
total 0
-rw-r--r-- 1 root root 0 Mar  9 08:45 cgroup.clone_children
--w--w--w- 1 root root 0 Mar  9 08:45 cgroup.event_control
-rw-r--r-- 1 root root 0 Mar  9 08:45 cgroup.procs
```

```
-r--r--r-- 1 root root 0 Mar  9 08:45 cgroup.sane_behavior
-rw-r--r-- 1 root root 0 Mar  9 08:45 cpuset.cpu_exclusive
-rw-r--r-- 1 root root 0 Mar  9 08:45 cpuset.cpus
-rw-r--r-- 1 root root 0 Mar  9 08:45 cpuset.mem_exclusive
-rw-r--r-- 1 root root 0 Mar  9 08:45 cpuset.mem_hardwall
-rw-r--r-- 1 root root 0 Mar  9 08:45 cpuset.memory_migrate
-r--r--r-- 1 root root 0 Mar  9 08:45 cpuset.memory_pressure
-rw-r--r-- 1 root root 0 Mar  9 08:45 cpuset.memory_pressure_enabled
-rw-r--r-- 1 root root 0 Mar  9 08:45 cpuset.memory_spread_page
-rw-r--r-- 1 root root 0 Mar  9 08:45 cpuset.memory_spread_slab
-rw-r--r-- 1 root root 0 Mar  9 08:45 cpuset.mems
-rw-r--r-- 1 root root 0 Mar  9 08:45 cpuset.sched_load_balance
-rw-r--r-- 1 root root 0 Mar  9 08:45 cpuset.sched_relax_domain_level
-rw-r--r-- 1 root root 0 Mar  9 08:45 notify_on_release
-rw-r--r-- 1 root root 0 Mar  9 08:45 release_agent
drwxr-xr-x 8 root root 0 May  2 12:01 system.slice
-rw-r--r-- 1 root root 0 Mar  9 08:45 tasks
```

Docker 是通过 CGroups 来进行容器的资源限制和监控的，下面就以一个容器实例来看一下 Docker 是如何配置 CGroups 的。

```
docker run -m #设置内存限制
sudo docker run -itd -m  128m ubuntu
957459145e9092618837cf94a1cb356e206f2f0da560b40cb31035e442d3df11
# Docker 会在系统的 hierarchy 中为每个容器创建 CGroups
cd /sys/fs/CGroup/memory/Docker/957459145e9092618837cf94a1cb356e206f2f0da560b40cb3103
5e442d3df11

# 查看 CGroups 的内存限制

cat memory.limit_in_bytes
134217728

# 查看 CGroups 中进程所使用的内存大小

cat memory.usage_in_bytes
430080
```

通过上面的代码，我们可以看到，启动容器的时候，用-m 参数就可以指定该容器的内存限制，并且该限制可以在宿主机的/sys/fs/CGroup/memory/Docker/957459145e9092618837cf94a1cb

356e206f2f0da560b40cb31035e442d3df11 文件里查看。

这里需要多提一句，因为 Docker 容器可以在启动的时候指定内存大小，所以在实际生产中，在 Docker 容器里运行 JVM 的时候经常会出现 JVM 的内存设置和该容器的内存设置冲突的情况。

针对这个问题，Docker 官方发起了一个讨论，探讨如何让 JVM 智能地知道自己当前是运行在 Docker 容器中的，并且根据该容器的内存限制动态调优，有兴趣的读者可以了解一下。

5.3 Docker 容器的运行时模型

Linux 中的父进程用 fork 命令创建子进程，然后调用 exec 执行子进程函数，每个进程都有一个用非负整数表示的唯一进程 ID，虽然唯一，但可以复用，不过不能立刻复用，而是要使用延迟算法，防止将新进程误认为使用同一 ID 的某个已经终止的先前进程。

另外，除了我们常见的一般应用进程，操作系统中还有如下一些特殊进程。

- ID 为 0 的是调度进程，该进程是内核的一部分，不执行任何磁盘上的程序。
- ID 为 1 的是 init 进程，init 通常读取与系统有关的初始化文件（/etc/rc*文件、/etc/inittab 文件、/etc/init.d/中的文件）。
- ID 为 2 的是页守护进程，负责支持虚拟存储器系统的分页操作。

通过以下方法就能使用 fork 命令创建子进程。

```
#include <unistd.h>
pid_t fork(void);
//子进程返回 0
//父进程返回子进程 ID
//出错返回-1
```

Linux 在进行 fork 操作的时候，会首先调用 copy_process 函数，在此环节会根据父进程传入的 flag 判断是否要新建 Namespace，随后复制父进程的进程描述符 task_struct。task_struct 中包括当前进程的各种系统资源配置信息，包括网络描述、PID 描述、UID 描述、MNT 描述等。

而 Docker 启动的时候，正是利用了 fork 命令从 Docker-containerd 进程中 fork 出一个子进程，然后以 exec 方式启动自己的程序的。

容器进程被 fork 之后便创建了 Namespace，下面就要执行一系列的初始化操作了。该操作主要分为三个阶段：dockerinit 负责初始化网络栈；ENTRYPOINT 负责完成用户态配置；CMD 负责启动入口。而启动后的 Docker 容器和 Docker Daemon 就是通过 sock 文件描述符进行通信的。

第 6 章

Docker 逻辑架构

Docker 的逻辑架构如图 6-1 所示。我们可以简单地将 Docker 分成三个组件，包括 Client、Docker_Host 和 Registry。

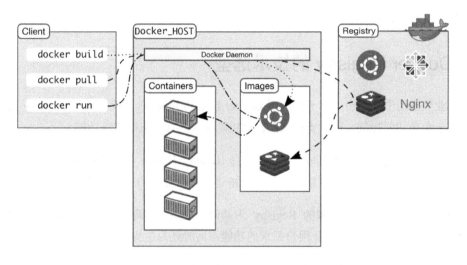

图 6-1　Docker 的逻辑架构

图片来源：Docker 官方文档

其中，Client 基于 sock 和 Docker_Host 上的 Docker 来守护进程通信，执行 docker build、docker pull、docker run 命令。

而所有 Docker Client 的命令，比如 docker build、docker pull、docker run，都是可以用 HTTPS/HTTP 的 RESTful API 来通信的。

下面，我们一起来简单看一下，如何使用 RESTful API 操作 Docker 的守护进程，具体步骤如下。

第一步：在 vi/etc/sysconfig/docker 文件中添加如下参数。

```
DOCKER_OPTS="-H tcp://0.0.0.0:2375"
```

然后重启 Docker Daemon，命令如下。

```
service docker restart
```

第二步：执行如下 curl 命令。

```
curl -v -X GET localhost:2375/_ping
```

这样改造之后，我们便可以通过 RESTful API 操作 Docker 的守护进程，对实现我们自己的容器云管理和 CI/CD 非常有好处。基于这些 RESTful API，我们就可以在自己的平台上实现从编译到发布的全流程自动化。

6.1 Docker Registry 的技术选型

在工业级应用中，我们一般不会选用 Docker 自带的 Registry。我们希望 Registry 支持管理 UI，可基于角色访问控制，可以支持 AD/LDAP 集成，具有日志审核等功能。

一般行业内在进行技术选型时，会优先选择 Harbor。Harbor 是 VMware 公司开源的企业级 Docker Registry 项目，其目标是帮助用户迅速搭建一个企业级的 Docker Registry 服务。

Harbor 以 Docker 公司开源的 Registry 为基础，提供了管理 UI、基于角色的访问控制、AD/LDAP 集成、日志审核等企业用户需求的功能，同时还原生支持中文。

Harbor 的每个组件都是以 Docker 容器的形式构建的，使用 Docker Compose 可以对它进行部署。Harbor 的逻辑架构如图 6-2 所示。

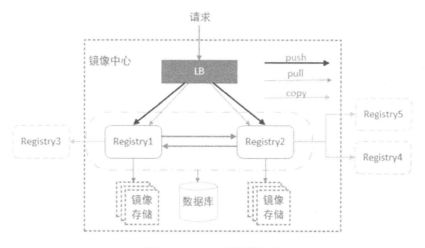

图 6-2　Harbor 的逻辑架构

图片来源：Harbor 官方文档

Harbor 将一组 Docker 原生 Registry 做成集群，在最前端用 Nginx 一类的负载均衡器进行分发，同时每个 Registry 都将目录 mount 到宿主机磁盘。宿主机磁盘可以选择用 Ceph 或者 Glusterfs，甚至更简单的 NFS 分布式存储来保证数据的高可靠性。

集群中一些基本的配置管理通过数据库（MySQL）落地。同时，Harbor 考虑到一些大型公司会分镜像仓库存放容器镜像，比如分为开发镜像仓库、预发布镜像仓库、生产镜像仓库等，所以还提供了对不同镜像仓库的复制策略。

6.2　Harbor 的部署

Harbor 支持 Docker Compose 一键式安装，具体步骤如下。

首先下载源码，然后进入 harbor/deploy 目录，初始化配置，配置文件为 harbor.cfg。

下面我们来看一个典型的 harbor.cfg 配置文件，该配置文件中包括主机、密码、通信模式等基础配置。

```
## Configuration file of Harbor
# hostname 设置访问地址，支持 IP 地址、域名、主机名，禁止设置 127.0.0.1
```

```
hostname = reg.mydomain.com

# 访问协议，可设置 HTTP/HTTPS
ui_url_protocol = http

# 邮件通知，配置邮件通知
email_server = smtp.mydomain.com
email_server_port = 25
email_username = sample_admin@mydomain.com
email_password = abc
email_from = admin <sample_admin@mydomain.com>
email_ssl = false

# Harbor Web UI 登录使用的密码
harbor_admin_password = Harbor12345

# 认证方式，这里支持多种认证方式，默认是 db_auth，即 MySQL 数据库存储认证
# 这里还支持 ldap 以及本地文件存储方式
auth_mode = db_auth

# ldap 服务器访问地址
ldap_url = ldaps://ldap.mydomain.com
ldap_basedn = uid=%s,ou=people,dc=mydomain,dc=com

# MySQL 根账户的密码
db_password = root123
self_registration = on
use_compressed_js = on
max_job_workers = 3
verify_remote_cert = on
customize_crt = on

# 一些显示的设置
crt_country = CN
crt_state = State
crt_location = CN
crt_organization = organization
crt_organizationalunit = organizational unit
crt_commonname = example.com
```

```
crt_email = example@example.com
```

按照所需修改上述的配置文件后，运行 ./prepare 脚本更新配置。如果出现如下信息，则表示更新完毕。

```
Generated configuration file: ./config/ui/env
Generated configuration file: ./config/ui/app.conf
Generated configuration file: ./config/registry/config.yml
Generated configuration file: ./config/db/env
Generated configuration file: ./config/jobservice/env
Clearing the configuration file: ./config/ui/private_key.pem
Clearing the configuration file: ./config/registry/root.crt
Generated configuration file: ./config/ui/private_key.pem
Generated configuration file: ./config/registry/root.crt
The configuration files are ready, please use docker-compose to start the service.
```

然后我们就可以使用 pip install docker-compose 命令安装 Docker Compose 了。接着执行 docker-compose up –d 命令构建 Docker 容器。同时我们可以运行 update_compose.sh 命令来配置本地的镜像仓库，也可以配置 registry-mirror 来加速下载，比如使用 DaoCloud 提供的 mirror。

完成上述步骤以后，便可以通过 http://userIP/ 来访问 Harbor 了。我们可以使用账号 admin 进行登录，该账号的密码为配置文件中名为 harbor_admin_password 的配置信息。

这样一来，Harbor 便搭建完成了，我们就可以在 Web UI 下面非常便捷地上传和管理 Docker 镜像了。

如果要在宿主机上用 Docker 上传 push 镜像，别忘了在 Docker 中配置 --insecure-registry userIP，或者在 Nginx 中配置 https 证书。

如果在宿主机上完成了 Harbor 仓库的配置，就可以重启 Docker，然后按照如下方式使用 docker login userIP 在宿主机上直接登录 Harbor 了。

```
docker login 10.6.0.192
Username (admin): admin
Password:
Login Succeeded
```

下面我们来实验一下在宿主机上上传一个镜像到 Harbor 仓库的过程。首先在宿主机上执行如下命令，查看本地镜像列表。

```
docker images
REPOSITORY            TAG       IMAGE ID        CREATED         SIZE
mongodb               latest    8af05a33e512    3 weeks ago     958.4 MB
sath89/oracle-12c     latest    7effebcd18ee    11 weeks ago    5.692 GB
centos                latest    778a53015523    4 months ago    196.7 MB
```

然后在宿主机上执行如下命令，利用 MongoDB 生成一个新的私有的 MongoDB 镜像。

```
docker tag mongodb 10.6.0.192/test/mongodb:1.0
docker images
REPOSITORY                  TAG       IMAGE ID        CREATED         SIZE
10.6.0.192/test/mongodb     1.0       8af05a33e512    3 weeks ago     958.4 MB
mongodb                     latest    8af05a33e512    3 weeks ago     958.4 MB
sath89/oracle-12c           latest    7effebcd18ee    11 weeks ago    5.692 GB
centos                      latest    778a53015523    4 months ago    196.7 MB
```

然后执行如下命令，将该私有镜像推送到 Harbor 仓库中。

```
docker push 10.6.0.192/test/mongodb:1.0
The push refers to a repository [10.6.0.192/test/mongodb]
c1e4cd91bcd4: Pushed
d9a948970255: Pushed
dd9b001e77ee: Pushed
625440e212f2: Pushed
75fa23acbccb: Pushed
fd269370dcf4: Pushed
44e3199c59b3: Pushed
db3474cfcfbc: Pushed
5f70bf18a086: Pushed
6a6c96337be1: Pushed
1.0: digest: sha256:c7d2e619d86089ffef373819a99df1390c4f2df4aeec9c1f7945c55d63edc670
size: 2824
```

最后登录 Harbor 的 Web UI，选择项目，即可查看刚才上传的镜像。

Harbor 中还有一个高级功能，叫作镜像复制，一般用来在开发环境、测试环境、生产环境的不同镜像仓库中复制镜像文件。Harbor 的镜像复制策略如图 6-3 所示。图 6-4 为 Harbor 镜像复制的逻辑架构。

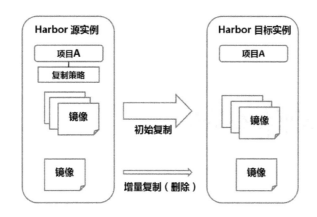

图 6-3　Harbor 的镜像复制策略

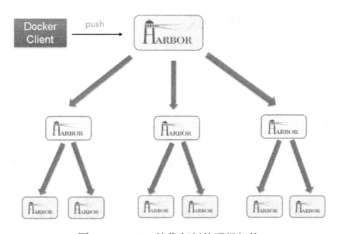

图 6-4　Harbor 镜像复制的逻辑架构

　　镜像复制功能对多环境之间的 Docker 容器发布很有帮助。想象一个场景：一家公司有开发、测试、集成测试、预发布、发布等多个不同环境，现在需要将每个环境之间的 Docker 镜像隔离，同时，当某一个镜像经过测试之后，它需要被自动推送到下一阶段的仓库中。这种场景下，我们就可以依赖 Harbor 的这个功能来设置我们自己的镜像复制策略了。

第 7 章

Docker 网络架构

7.1 Docker 的单机网络模式

整个 Docker 体系中最复杂、对生产上线最具影响的就是网络模式。下面我们先简单介绍几种 Docker 的单机网络模式。

7.1.1 Bridge 模式

Docker 的默认网络模式是使用 eth0 虚拟网桥进行通信。执行 docker run –p 命令时，Docker 实际是在 iptables 上遵循了 DNAT 规则，实现了端口转发功能。

首先，当你在宿主机上安装好 Docker 后，Docker 守护进程就会按照下面的方式默认调用 Linux 内核，生成一个虚拟网桥。所有容器的地址段都是 172.17.0.1/16。

```
[root@localhost ~]# ip addr show
1: lo: <LOOPBACK,UP,LOWER_UP> mtu 65536 qdisc noqueue state UNKNOWN qlen 1
    link/loopback 00:00:00:00:00:00 brd 00:00:00:00:00:00
    inet 127.0.0.1/8 scope host lo
       valid_lft forever preferred_lft forever
    inet6 ::1/128 scope host
       valid_lft forever preferred_lft forever
2: eth0: <BROADCAST,MULTICAST,UP,LOWER_UP> mtu 1500 qdisc pfifo_fast state UP qlen 1000
    link/ether 52:54:c0:a8:a3:17 brd ff:ff:ff:ff:ff:ff
    inet 192.168.163.23/24 brd 192.168.163.255 scope global eth0
       valid_lft forever preferred_lft forever
    inet6 fe80::5054:c0ff:fea8:a317/64 scope link
```

```
        valid_lft forever preferred_lft forever
3: docker0: <NO-CARRIER,BROADCAST,MULTICAST,UP> mtu 1500 qdisc noqueue state DOWN
    link/ether 02:42:52:50:77:a0 brd ff:ff:ff:ff:ff:ff
    inet 172.17.0.1/16 scope global docker0
        valid_lft forever preferred_lft forever
```

那么这些 172.17.0.1/16 网段的容器之间都是怎么进行路由的呢？如下所示，我们在宿主机中查看路由表，可以看到所有 172.17.0.0 网段下的报文全部发给了本机的 docker0 虚拟网桥。这就意味着，所有容器其实都把宿主机的 docker0 网桥看成了虚拟交换机，所有报文的路由全部交给了它。

```
[root@localhost ~]# route -n
Kernel IP routing table
Destination     Gateway          Genmask         Flags Metric Ref   Use Iface
0.0.0.0         192.168.163.254  0.0.0.0         UG    0      0       0 eth0
169.254.0.0     0.0.0.0          255.255.0.0     U     1002   0       0 eth0
172.17.0.0      0.0.0.0          255.255.0.0     U     0      0       0 docker0
192.168.163.0   0.0.0.0          255.255.255.0   U     0      0       0 eth0
```

下面我们演示一下容器具体是如何用 Bridge 模式进行通信的。首先我们尝试用宿主机的 9999 端口映射启动 Tomcat 容器，代码如下所示。我们可以在 iptables 中看见，docker0 网桥上生成了一个 tcp dpt:9999 to:172.17.0.2:8080 的路由转发规则。

```
[root@localhost ~]# docker run -d -p 9999:8080 tomcat
Unable to find image 'tomcat:latest' locally
Trying to pull repository docker.io/library/tomcat ...
latest: Pulling from docker.io/library/tomcat
c73ab1c6897b: Pull complete
1ab373b3deae: Pull complete
b542772b4177: Pull complete
0bcc3741ab14: Pull complete
421d624d778d: Pull complete
26ad58237506: Pull complete
8dbabc90b2b8: Pull complete
982930be204d: Pull complete
80869be51738: Pull complete
b71ce0f0260c: Pull complete
b18814a5c704: Pull complete
444f958494eb: Pull complete
6f92b6053b75: Pull complete
```

```
Digest: sha256:a5cc095285efc4becda11829fbf63663a4216d9344adcf42e0d3d9c95ed6079f
Status: Downloaded newer image for docker.io/tomcat:latest
cd67c477da1df048dd3e8861e3a2cf2bfbf23a691bfefb45cbfc256e6af9fd54
[root@localhost ~]# iptables -vnL -t nat
Chain PREROUTING (policy ACCEPT 0 packets, 0 bytes)
 pkts bytes target     prot opt in     out      source               destination
    1    92 DOCKER     all  --  *      *        0.0.0.0/0            0.0.0.0/0            ADDRT
YPE match dst-type LOCAL

Chain INPUT (policy ACCEPT 0 packets, 0 bytes)
 pkts bytes target     prot opt in     out      source               destination

Chain OUTPUT (policy ACCEPT 0 packets, 0 bytes)
 pkts bytes target     prot opt in     out      source               destination
    0     0 DOCKER     all  --  *      *        0.0.0.0/0           !127.0.0.0/8           ADDRT
YPE match dst-type LOCAL

Chain POSTROUTING (policy ACCEPT 0 packets, 0 bytes)
 pkts bytes target     prot opt in     out      source               destination
    0     0 MASQUERADE all  --  *     !docker0  172.17.0.0/16        0.0.0.0/0
    0     0 MASQUERADE tcp  --  *      *        172.17.0.2           172.17.0.2           tcp
dpt:8080

Chain DOCKER (2 references)
 pkts bytes target     prot opt in     out      source               destination
    0     0 RETURN     all  --  docker0 *       0.0.0.0/0            0.0.0.0/0
    0     0 DNAT       tcp  -- !docker0 *       0.0.0.0/0            0.0.0.0/0            tcp
dpt:9999 to:172.17.0.2:8080
```

然后我们能够看到，这台容器中的 IP 地址也确实变成了 172.17.0.2，如下所示。

```
[root@localhost ~]# docker exec -it cd67c477da1df048dd3e8861e3a2cf2bfbf23a691bfefb45cb
fc256e6af9fd54 ip addr show
1: lo: <LOOPBACK,UP,LOWER_UP> mtu 65536 qdisc noqueue state UNKNOWN group default qlen 1
    link/loopback 00:00:00:00:00:00 brd 00:00:00:00:00:00
    inet 127.0.0.1/8 scope host lo
       valid_lft forever preferred_lft forever
    inet6 ::1/128 scope host
       valid_lft forever preferred_lft forever
4: eth0@if5: <BROADCAST,MULTICAST,UP,LOWER_UP> mtu 1500 qdisc noqueue state UP group
default
```

```
link/ether 02:42:ac:11:00:02 brd ff:ff:ff:ff:ff:ff link-netnsid 0
inet 172.17.0.2/16 scope global eth0
   valid_lft forever preferred_lft forever
inet6 fe80::42:acff:fe11:2/64 scope link
   valid_lft forever preferred_lft forever
```

如果这个时候按照下面的方法再启动一个容器，我们就可以发现，两者之间可以进行网络互通。

```
[root@localhost ~]# docker run -d -p 9998:8080 tomcat
88c03d9c7d1899067762bf3e350b582c3d355c350b08683de0c4a9fa58d75a6e
[root@localhost ~]# docker exec -it 88c03d9c7d1899067762bf3e350b582c3d355c350b08683de0
c4a9fa58d75a6e ping 172.17.0.2
PING 172.17.0.2 (172.17.0.2): 56 data bytes
64 bytes from 172.17.0.2: icmp_seq=0 ttl=64 time=0.164 ms
64 bytes from 172.17.0.2: icmp_seq=1 ttl=64 time=0.135 ms
64 bytes from 172.17.0.2: icmp_seq=2 ttl=64 time=0.108 ms
^C--- 172.17.0.2 ping statistics ---
3 packets transmitted, 3 packets received, 0% packet loss
round-trip min/avg/max/stddev = 0.108/0.136/0.164/0.023 ms
```

注意！

Linux 网桥的本质是用一组代码模拟网络协议栈，类似软件交换机。具体可以参考 https://wiki.linuxfoundation.org/networking/bridge。

7.1.2 Host 模式

如果启动容器的时候使用的是 Host 模式，那么这个容器将不会获得一个独立的 Network Namespace，而是会和宿主机共用一个 Network Namespace。同时，该容器也不会虚拟出自己的网卡、配置自己的 IP 地址，而是会使用宿主机的端口和 IP 地址。另外容器中还可能存在一些影响整个主机系统的操作，比如重启主机，因此使用这个选项的时候要非常小心。如果想进一步使用 --privileged=true 命令，容器会被允许直接配置主机的网络堆栈。

如下所示，我们通过 Host 模式启动一个 Tomcat 容器，然后可以在该容器中直接查看物理机的网络配置和 IP 地址。

```
[root@localhost ~]# docker run -d --net=host --privileged=true tomcat
```

```
c5e5077ecb09f95ffaa2e966f61f4439f79472fb78477163137ee03dded08b1a
[root@localhost ~]# docker exec -it c5e5077ecb09f95ffaa2e966f61f4439f79472fb7847716313
7ee03dded08b1a ip addr show
1: lo: <LOOPBACK,UP,LOWER_UP> mtu 65536 qdisc noqueue state UNKNOWN group default qlen 1
    link/loopback 00:00:00:00:00:00 brd 00:00:00:00:00:00
    inet 127.0.0.1/8 scope host lo
       valid_lft forever preferred_lft forever
    inet6 ::1/128 scope host
       valid_lft forever preferred_lft forever
2: eth0: <BROADCAST,MULTICAST,UP,LOWER_UP> mtu 1500 qdisc pfifo_fast state UP group
default qlen 1000
    link/ether 52:54:c0:a8:a3:17 brd ff:ff:ff:ff:ff:ff
    inet 192.168.163.23/24 brd 192.168.163.255 scope global eth0
       valid_lft forever preferred_lft forever
    inet6 fe80::5054:c0ff:fea8:a317/64 scope link
       valid_lft forever preferred_lft forever
3: docker0: <BROADCAST,MULTICAST,UP,LOWER_UP> mtu 1500 qdisc noqueue state UP group
default
    link/ether 02:42:52:50:77:a0 brd ff:ff:ff:ff:ff:ff
    inet 172.17.0.1/16 scope global docker0
       valid_lft forever preferred_lft forever
    inet6 fe80::42:52ff:fe50:77a0/64 scope link
       valid_lft forever preferred_lft forever
5: veth858fc03@if4: <BROADCAST,MULTICAST,UP,LOWER_UP> mtu 1500 qdisc noqueue master
 docker0 state UP group default
    link/ether 4e:92:bb:68:79:24 brd ff:ff:ff:ff:ff:ff link-netnsid 0
    inet6 fe80::4c92:bbff:fe68:7924/64 scope link
       valid_lft forever preferred_lft forever
7: veth6c8bd6e@if6: <BROADCAST,MULTICAST,UP,LOWER_UP> mtu 1500 qdisc noqueue master
 docker0 state UP group default
    link/ether 0e:06:43:0d:51:56 brd ff:ff:ff:ff:ff:ff link-netnsid 1
    inet6 fe80::c06:43ff:fe0d:5156/64 scope link
       valid_lft forever preferred_lft forever
```

7.1.3　Container 模式

如果 Docker 将新建容器的进程放到一个已存在容器的网络栈中，那么新建容器进程中即使有自己的文件系统、进程列表和资源限制，也依然会和已存在的容器共享 IP 地址和端口等网络资源，两者的进程可以直接通过 lo 回环接口进行通信。

如下所示，我们再启动一个 Tomcat 容器，并且用--net=container 命令配置该容器的网络模式，这样就可以直接进入容器，看到其网络配置信息和 IP 地址信息。

```
[root@localhost ~]# docker run --net=container:88c03d9c7d1899067762bf3e350b582c3d355c3
50b08683de0c4a9fa58d75a6e -d tomcat
26ce24494923f13ec63a52e44a09340c92851078320fe23f592eb8d529038942
[root@localhost ~]# docker exec -it 26ce24494923f13ec63a52e44a09340c92851078320fe23f59
2eb8d529038942 ip addr show
1: lo: <LOOPBACK,UP,LOWER_UP> mtu 65536 qdisc noqueue state UNKNOWN group default qlen 1
    link/loopback 00:00:00:00:00:00 brd 00:00:00:00:00:00
    inet 127.0.0.1/8 scope host lo
       valid_lft forever preferred_lft forever
    inet6 ::1/128 scope host
       valid_lft forever preferred_lft forever
6: eth0@if7: <BROADCAST,MULTICAST,UP,LOWER_UP> mtu 1500 qdisc noqueue state UP group
default
    link/ether 02:42:ac:11:00:03 brd ff:ff:ff:ff:ff:ff link-netnsid 0
    inet 172.17.0.3/16 scope global eth0
       valid_lft forever preferred_lft forever
    inet6 fe80::42:acff:fe11:3/64 scope link
       valid_lft forever preferred_lft forever
```

7.1.4　None 模式

令 Docker 将新容器放到隔离的网络栈中，但是不进行网络配置。之后，用户可以自己进行网络配置。

如下所示，我们用--net=none 模式启动一个 Tomcat 容器，然后可以观察到，该容器中没有任何网络配置信息和 IP 地址信息。

```
[root@localhost ~]# docker run --net=none -it tomcat ip addr show
1: lo: <LOOPBACK,UP,LOWER_UP> mtu 65536 qdisc noqueue state UNKNOWN group default qlen 1
    link/loopback 00:00:00:00:00:00 brd 00:00:00:00:00:00
    inet 127.0.0.1/8 scope host lo
       valid_lft forever preferred_lft forever
    inet6 ::1/128 scope host
       valid_lft forever preferred_lft forever
```

7.2 Docker 的集群网络模式

前面我们介绍了 Docker 原生的单机网络模型，但是在实际生产中，我们往往面临的是分布式环境下复杂的网络通信系统，那么该如何保证网络易管理、高容错，并且具有较好的通信质量呢？这便是我们在集群网络模型上需要下功夫考量的。下面简单介绍几种集群网络模型。

7.2.1 Bridge 端口转发

和上一节提到的单机网络的 Bridge 模式一样，在集群环境下，Docker 容器依然可以通过 Bridge 模式进行通信。Bridge 网络模式如图 7-1 所示，两台不同的宿主机 A 和 B 内部的容器通过 docker0 虚拟网桥进行通信。跨宿主机通信的时候，则通过两台宿主机的物理网卡和物理网络进行通信。

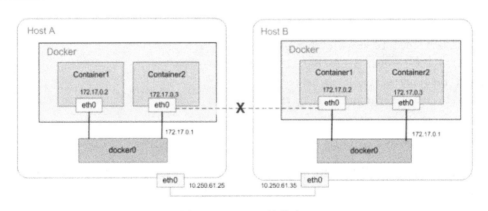

图 7-1 Bridge 网络模式

比如宿主机 A 上的某个容器 1 想要和宿主机 B 上的某个容器 2 通信，那么容器 1 会首先将报文发送给宿主机 A 的 docker0 虚拟网桥，然后该网桥发现目标 IP 地址正是宿主机 B 的 IP 地址，于是就会将报文再转发给宿主机 A 的物理网卡 eth0，接着该物理网卡就会寻址将报文发给宿主机 B，宿主机 B 的物理网卡接收到报文之后会自动被 docker0 虚拟网桥捕获，最后路由给容器 2。

该模式简单有效，但是因为 NAT 转发会在本机上维护一张路由表，因此导致网络性能较差。同时在该模式下，跨容器网络的端口冲突和端口占用问题也会非常明显。举一个最简单的例子，如果某台宿主机上的某些容器想要迁移到另一台宿主机上，该怎么办呢？对方宿主机上的该端口有没有空余呢？该容器暴露的 IP 地址如何智能切换呢？

虽然 Bridge 端口转发模式有种种不足，但是由于过程简单，因此在很多中小型企业的生产环境中往往是最常被选择的模式。

7.2.2 扁平网络

很多复杂的业务场景对网络提出了更高的要求，比如让业务网络和管理网络隔离，让服务器拥有多张网卡，其中某几张网卡绑在一起支撑业务网络通信，某几张支持管理网络。另外，在一些混合部署模式下，一部分业务系统和数据系统部署在裸金属主机上，另一部分新产品线部署在 Docker 容器下，我们可能会希望让这两部分无缝对接。

一般面对这种情况，我们的做法是将 Docker 容器网络和物理网络直接通过交换机来打通，将这两张网络统一为一张扁平化网络，如图 7-2 所示。

我们将物理网卡 eth0 直接插拔在每个 Docker 容器上，为 eth0 分配一个和物理网络同源的 IP 地址端，这样每个容器获得的 IP 地址就是和物理网络同网段的 IP 地址，同时容器之间的报文可以直接通过物理网卡转发给物理网络的交换机进行后续的转发。

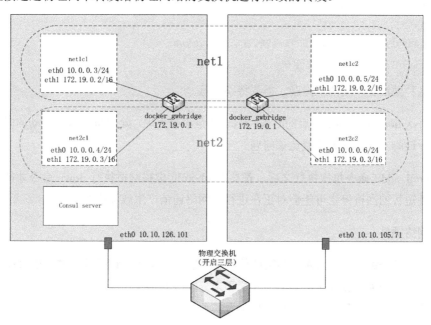

图 7-2 通过交换机打通容器网络和物理网络

通过网卡和交换机直接进行二层报文传输，其性能优于 NAT，且可以直接将 Docker 容器暴露在物理网络里。美中不足的是，各个宿主机的网段需要提前规划，网络规则需要进行手动配置。

在这种模式下,每台物理机上的容器 IP 地址的分配和收回是一个很大的问题,管理不好,IP 地址冲突就不可避免。为了尽可能避免出现问题,只能在管理上不断加强,一般常见的管理方式有如下几种。

新建虚拟网桥

最简单的做法是新建一个虚拟网桥,然后将物理网卡插入该网桥中,将容器也插入该虚拟网桥中作为出口。

以下为该方法的典型示例代码。首先创建一个名为 mynet 的虚拟网卡,其中的 gateway 是虚拟网桥的地址,subnet 是子网掩码,ip-range 是当前宿主机的容器地址段,aux-address 指向交换机。然后执行 brctl addif 命令,将物理网卡 enp0s3 插入刚刚建立的 mynet 虚拟网桥中。

```
docker network create
--gateway=192.168.57.99
--subnet=192.168.0.0/16
--ip-range=192.168.57.0/24
--aux-address=DefaultGatewayIPv4=192.168.56.1 mynet
brctl addif br-14e0b9e5069f enp0s3
```

但是这种做法会产生两个问题,需要特别注意。

- 每次 docker service 重启的时候,brctl 命令都会丢失,除非每次机器启动的时候定时执行该脚本,否则无法避免该问题。
- brctl addif 命令每次执行之后,都要对 ifconfig 虚拟网桥执行 down 命令才能生效,这种短暂的网桥停止可能会对正在进行的网络通信产生致命影响。

编写网络插件

第二种做法是编写一个 IPAM 网络插件管理容器的 IP 地址,该插件后端可以对接 etcd 实现分布式存储,用来管理和存储所有的已分配和未分配的 IP 资源池,如图 7-3 所示。大家可以参考网络上的内容来了解目前开源的优秀框架及其原理。

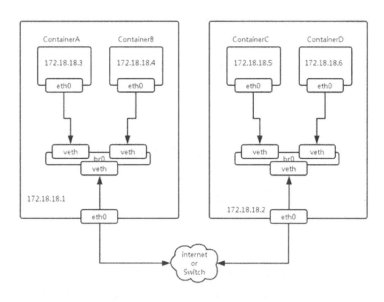

图 7-3 利用 IPAM 网络插件管理容器的 IP 地址

如图 7-3 所示,该框架将新建一块 br0 网桥,然后将物理网卡插入 br0 网桥,达到直连交换机通信的效果。该框架在使用时需要在本机执行如下命令生成 br0。

```
docker network create
--opt=com.docker.network.bridge.enable_icc=true
--opt=com.docker.network.bridge.enable_ip_masquerade=false
--opt=com.docker.network.bridge.host_binding_ipv4=0.0.0.0
--opt=com.docker.network.bridge.name=br0
--opt=com.docker.network.driver.mtu=1500
--ipam-driver=talkingdata
```

我们首先需要创建一个 br0 自定义网桥,这个网桥并不是通过系统命令手动建立的原始 Linux 网桥,而是通过 Docker 的 network create 命令建立的自定义网桥,通过这种方式我们可以设置 DefaultGatewayIPv4 参数来设置容器的默认路由,解决原始 Linux 自建网桥不能解决的问题。

用 Docker 创建网络时,我们可以通过设置 subnet 参数来设置子网 IP 地址的范围,默认情况下我们可以把整个网段给子网,后面可以用 ipam driver(地址管理插件)来进行控制。还有一个参数 gateway 是用来设置 br0 自定义网桥地址的,其实也就是宿主机的地址。

这里顺便提一下 ipam-driver 这个插件。ipam-driver 是 Docker 新推出的一种网络驱动插件,

Docker 每次启停与删除容器都会调用这个插件提供的 IP 地址管理接口，然后 IP 地址管理接口会对存储 IP 地址的 etcd 执行增删改查操作。此插件运行时会启动一个 UNIX Socket，然后会在 Docker/run/plugins 目录下生成一个 sock 文件，执行 Docker Daemon 之后会和这个 sock 文件进行交互，调用我们之前实现好的几个接口进行 IP 地址管理，防止 IP 冲突。

使用 L2-FLAT

我们还可以使用开源网络框架中的 L2-FLAT 模型插件。现在很多开源的 Docker 集群网络模式（如 Flannel 的 host-gw 模式）中都默认带有 L2-FLAT 模型插件，能够帮我们解决上述网络 IP 地址分配和管理中的问题。关于 L2-FLAT 的具体内容会在第 12 章中专门讲解。

7.2.3　Flannel 模式

Docker 集群网络中还有各种成熟的开源解决方案。常用的技术方案是建立隧道和 VXLAN，打通不同的宿主机，再通过软件功能和分布式存储做软件交换机，跨宿主机做报文传输，这些本质上都是 SDN（软件定义网络）的一种技术实现。

限于篇幅，这里只简单介绍一下比较主流的 Flannel 模式。

简单说起来，Flannel 模式的设计思路就是通过分布式存储 etcd 在集群环境下维护一张全局路由表，然后每台宿主机上会运行一个 flanneld 守护进程，负责和 etcd 交互，拿到全局路由表，同时监听本宿主机上的所有容器报文，执行类似交换机的路由转发操作。Flannel 的性能介于 NAT 和物理模式之间，采用 SDN 思想，优点是功能丰富、跨主机通信能力强，缺点是维护成本高、有一定的性能损耗。

图 7-4 所示为 Flannel 模式的网络拓扑图。Flannel 会先安装一个 flannel0 的虚拟网桥进行/16 网段的转发，然后由 flanneld 守护进程维护整个网络的路由表，把两个物理机的虚拟子网连成一个更大的虚拟网络。各个 flanneld 守护进程之间可以实现报文的二次封装和目标源更改，实现逻辑隧道功能。

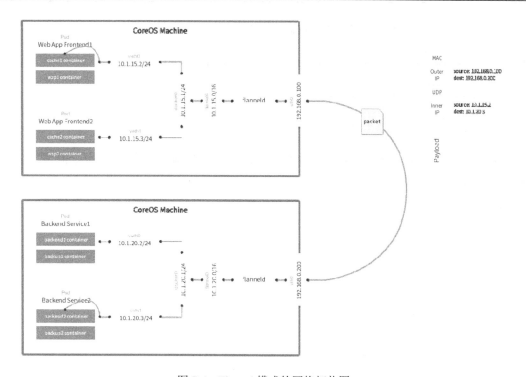

图 7-4 Flannel 模式的网络拓扑图

对于 Flannel 模式下容器中的报文，其传输路径简单描述如下。

- 容器直接使用目标容器的 IP 访问，默认通过容器内部的 eth0 发送出去。

- 报文通过 veth pair 被发送到 vethXXX。

- vethXXX 直接连接到虚拟交换机的 docker0 虚拟网桥上，报文通过虚拟网桥被发送出去。

- 查找路由表，外部容器 IP 地址的报文都会被转发到 flannel0 虚拟网卡，这是一个 P2P 的虚拟网卡，因此报文就会被转发到在另一端监听的 flanneld 中。

- flanneld 通过 etcd 维护了各个节点之间的路由表，把原来的报文 UDP 封装了一层，通过配置的 iface 发送出去。

- 报文通过主机之间的网络找到目标主机。

- 报文继续传递，来到传输层，交给在 8285 端口监听的 flanneld 程序处理。

- 数据被解包,然后被发送给 flannel0 虚拟网卡。

- 查找路由表,若发现对应容器的报文,则要交给 docker0。

- docker0 找到连接自己的容器,将报文发送出去。

下面我们简单介绍一下 Flannel 的安装和使用步骤。

第一步:用 yum 源安装 etcd,并且配置 etcd 的集群。比如用静态发现的方式配置 etcd 集群,代码如下。

```
# 编辑配置文件
$ vim /opt/etcd/config/etcd.conf

ETCD_NAME=etcd1
ETCD_DATA_DIR="/var/lib/etcd/etcd1"
ETCD_LISTEN_PEER_URLS="http://192.168.2.210:2380"
ETCD_LISTEN_CLIENT_URLS="http://192.168.2.210:2379,http://192.168.2.210:4001"
ETCD_INITIAL_ADVERTISE_PEER_URLS="http://192.168.2.210:2380"
ETCD_INITIAL_CLUSTER="etcd1=http://192.168.2.210:2380,etcd2=http://192.168.2.211:2380,etcd3=http://192.168.2.212:2380"
ETCD_INITIAL_CLUSTER_STATE="new"
ETCD_INITIAL_CLUSTER_TOKEN="hilinux-etcd-cluster"
ETCD_ADVERTISE_CLIENT_URLS="http://192.168.2.210:2379,http://192.168.2.210:4001"
```

配置完成之后,执行以下命令重启 etcd。

```
systemctl start etcd
```

这样一来,就可以用如下命令测试 etcd 集群状态是否正常了。

```
$ etcdctl --endpoints "http://192.168.2.210:2379" member list
a3ba19408fd4c829: name=etcd3 peerURLs=http://192.168.2.212:2380 clientURLs=http://192.168.2.212:2379,http://192.168.2.212:4001 isLeader=true
a8589aa8629b731b: name=etcd1 peerURLs=http://192.168.2.210:2380 clientURLs=http://192.168.2.210:2379,http://192.168.2.210:4001 isLeader=false
e4a3e95f72ced4a7: name=etcd2 peerURLs=http://192.168.2.211:2380 clientURLs=http://192.168.2.211:2379,http://192.168.2.211:4001 isLeader=false
```

第二步:用 yum 源安装 Flannel(需 CentOS 7 环境),命令如下。

```
yum install flannel
```

按照如下方式修改 Flannel 的 etcd 配置,可参照刚才配置完成的 etcd 集群。

```
Vi /etc/sysconfig/flanneld
# Flanneld configuration options

# etcd url location.  Point this to the server where etcd runs
FLANNEL_ETCD="http://127.0.0.1:2379"

# etcd config key.  This is the configuration key that flannel queries
# For address range assignment
FLANNEL_ETCD_KEY="/atomic.io/network"

# Any additional options that you want to pass
FLANNEL_OPTIONS=""
```

其中，FLANNEL_ETCD 为 etcd 的地址，FLANNEL_ETCD_KEY 为 etcd 中配置的网络参数的 key，FLANNEL_OPTIONS 为 Flannel 的启动参数，笔者在这里还加上了监听的网卡。通过如下命令启动 Flannel。

```
systemctl start flannel
```

第三步：配置好 Flannel 和 etcd 之后，通过如下方式修改宿主机的 Docker 网络配置。

```
Vi /usr/lib/systemd/system/docker.service
[Service]
Type=notify
NotifyAccess=all
#import flannel configuration
EnvironmentFile=-/etc/sysconfig/flanneld
EnvironmentFile=-/run/flannel/subnet.env
EnvironmentFile=-/etc/sysconfig/docker
EnvironmentFile=-/etc/sysconfig/docker-storage
EnvironmentFile=-/etc/sysconfig/docker-network
Environment=GOTRACEBACK=crash
ExecStart=/usr/bin/docker-current daemon \
          --exec-opt native.cgroupdriver=systemd \
          $OPTIONS \
          $docker_STORAGE_OPTIONS \
          $docker_NETWORK_OPTIONS \
          $ADD_REGISTRY \
          $BLOCK_REGISTRY \
          $INSECURE_REGISTRY \
          --bip=${FLANNEL_SUBNET}
```

针对上述代码要进行的主要的修改是，首先增加配置 EnvironmentFile=-/etc/sysconfig/flanneld 和 EnvironmentFile=-/run/flannel/subnet.env，然后在最后的执行命令中增加参数 --bip=${FLANNEL_SUBNET}，然后重启 Docker。

```
systemctl daemon-reload
systemctl restart docker
```

接下来在宿主机上通过 ip a 就能看到 flannel0 的网桥地址已经被成功获取，再启动容器的时候就会默认从该网桥上获得 IP 地址。

```
[root@localhost system]# ip a
1: lo: <LOOPBACK,UP,LOWER_UP> mtu 65536 qdisc noqueue state UNKNOWN
    link/loopback 00:00:00:00:00:00 brd 00:00:00:00:00:00
    inet 127.0.0.1/8 scope host lo
       valid_lft forever preferred_lft forever
    inet6 ::1/128 scope host
       valid_lft forever preferred_lft forever
2: eno16777736: <BROADCAST,MULTICAST,UP,LOWER_UP> mtu 1500 qdisc pfifo_fast state UP
  qlen 1000
    link/ether 00:0c:29:79:cf:e3 brd ff:ff:ff:ff:ff:ff
    inet 192.168.37.130/24 brd 192.168.37.255 scope global dynamic eno16777736
       valid_lft 1554sec preferred_lft 1554sec
    inet6 fe80::20c:29ff:fe79:cfe3/64 scope link
       valid_lft forever preferred_lft forever
9: flannel0: <POINTOPOINT,MULTICAST,NOARP,UP,LOWER_UP> mtu 1472 qdisc pfifo_fast state
  UNKNOWN qlen 500
    link/none
    inet 172.17.75.0/16 scope global flannel0
       valid_lft forever preferred_lft forever
10: docker0: <NO-CARRIER,BROADCAST,MULTICAST,UP> mtu 1500 qdisc noqueue state DOWN
    link/ether 02:42:e3:f0:0d:05 brd ff:ff:ff:ff:ff:ff
    inet 172.17.75.1/24 scope global docker0
       valid_lft forever preferred_lft forever
```

第 8 章

Docker 安全架构

8.1 Docker 安全问题

我们可以这么说：Docker 出现安全问题的原因在于**容器和宿主机共用内核**。

比如某个特权容器因滥用宿主机资源导致宿主机崩溃，也将导致所有容器全部崩溃。虽然 Docker 的多个容器之间可以通过 Namespace 隔离，但是 Namespace 只支持 PID、Mount、Network、UTS、IPC、User 这几种隔离属性，其他不支持隔离的系统资源会有暴露风险。

如下所示，Docker 对操作系统的 procfs 的接口就没有进行隔离，因此导致所有容器都可以查看当前宿主机的信息（只读）。

```
[root@localhost ~]# docker exec -it f930e687f1c4 cat /proc/1/status
Name:   systemd
State:  S (sleeping)
Tgid:   1
Ngid:   0
Pid: 1
PPid:   0
TracerPid:      0
Uid: 0   0    0    0
Gid: 0   0    0    0
FDSize: 64
Groups:
VmPeak:     46044 kB
VmSize:     45424 kB
VmLck:          0 kB
```

```
VmPin:           0 kB
VmHWM:        3892 kB
VmRSS:        2904 kB
RssAnon:      1200 kB
RssFile:      1704 kB
RssShmem:        0 kB
VmData:       1188 kB
VmStk:        2180 kB
VmExe:        1296 kB
VmLib:        3640 kB
VmPTE:         100 kB
VmSwap:        228 kB
Threads: 1
SigQ:    0/15724
SigPnd:  0000000000000000
ShdPnd:  0000000000000000
SigBlk:  7be3c0fe28014a03
SigIgn:  0000000000001000
SigCgt:  00000001800004ec
CapInh:  0000000000000000
CapPrm:  0000001fffffffff
CapEff:  0000001fffffffff
CapBnd:  0000001fffffffff
CapAmb:  0000000000000000
Seccomp: 0
Cpus_allowed:3
Cpus_allowed_list:    0-1
Mems_allowed:00000000,00000000,00000000,00000000,00000000,00000000,00000000,00000000,
00000000,00000000,00000000,00000000,00000000,00000000,00000000,00000000,00000000,0000
0000,00000000,00000000,00000000,00000000,00000000,00000000,00000000,00000000,00000000,
00000000,00000000,00000000,00000000,00000001
Mems_allowed_list:      0
voluntary_ctxt_switches:    120935
nonvoluntary_ctxt_switches:    2454
```

  Docker 的安全问题涉及方方面面，下面我们从几个大的维度来介绍一下 Docker 的安全问题分类。

Docker 自身漏洞

Docker 作为一款应用，在实现上难免会有代码缺陷。根据 CVE 官方记录，Docker 历史版本共有超过 20 项漏洞，主要体现在代码执行、权限提升、信息泄露、绕过隔离等方面。现在 Docker 已经升级到了 17.03 版本，版本迭代非常快，Docker 用户最好将 Docker 升级为最新版本，避免自身漏洞。

Docker 源问题

Docker 提供了 Docker Hub，可以让用户上传创建的镜像，以便其他用户下载，用来快速搭建环境，但这样同时也带来了一些安全问题：下载的镜像被植入恶意软件，传输的过程中镜像被篡改，镜像所搭建的环境本身就包含漏洞，等等，不一而足，主要介绍下面三种。

- 黑客上传恶意镜像。如果有黑客在制作的镜像中植入木马、后门等恶意软件，那么环境从一开始就已经不安全了，后续更没有什么安全可言。
- 镜像使用有漏洞的软件。据一些报告显示，Hub 上可下载的镜像里面，有 75% 都安装了有漏洞的软件，所以下载镜像后需要检查里面软件的版本信息，确认对应的版本是否存在漏洞，若存在漏洞则需要及时更新，打上补丁。
- 中间人攻击篡改镜像。镜像在传输过程中可能被篡改，目前新版本的 Docker 已经提供了相应的校验机制来预防这个问题。

Docker 架构缺陷与安全机制纰漏

由于 Docker 本身的架构与机制存在缺陷，因此会产生安全问题，这一问题主要发生在黑客已经控制了宿主机上的一些容器（或者通过在公有云上建立容器的方式获得了这个条件）之后，通过对宿主机或其他容器发起攻击来产生影响。

容器之间的局域网攻击

同一宿主机上的容器之间可以构成局域网，因此针对局域网的 ARP 欺骗、嗅探、广播风暴等攻击方式便可以"大显身手"。所以在一台主机上部署多个容器需要合理地配置网络，设置 iptables 规则。

DDoS 攻击耗尽资源

CGroups 安全机制就是防止此类攻击的，不为单一的容器分配过多的资源即可避免此类问题。

调用有漏洞的系统内核函数

我们都知道 Docker 与虚拟机的一个区别在于，Docker 与宿主机共用一个操作系统内核，一旦宿主内核存在可以横向越权或者提权的漏洞，即使 Docker 使用普通用户执行，只要容器被入侵，攻击者还是可以利用内核漏洞逃逸到宿主机。

共享 root

如果以 root 权限运行容器，容器内的 root 用户也就拥有了宿主机的 root 权限。

未隔离文件系统

虽然 Docker 已经对文件系统进行了隔离，但是依然有一些重要的系统文件暂时没有被隔离，如/sys、/proc/sys、/proc/bus 等。

8.2　Docker 安全措施

针对上一节所介绍的几类 Docker 安全问题，我们需要一个可操作、可执行的 Docker 安全基线检查清单，这个清单要清晰、可查、可维护，未来可供我们在生产环境中执行基础架构的安全检查和审计。

下面罗列一下行业内主流的 Docker 安全基线检查的要点，这部分内容只是为了让大家对此有一个基本了解，不会详细介绍，感兴趣的读者可以通过网络资料深入学习。

内核级别

- 及时更新内核。
- 检查 User Namespace，令容器内的 root 权限在容器之外处于非高的状态。
- 检查 CGroups，对资源进行配额和度量。
- 检查 SELinux/AppArmor/Grsecurity，控制文件访问权限。
- 检查 Capability，进行权限划分。
- 检查 seccomp，限定系统调用。
- 禁止容器与宿主机进程共享命名空间。

- 严格限定主机级别。
- 为容器创建独立分区。
- 仅运行必要的服务。
- 禁止将宿主机上的敏感目录映射到容器。
- 对 Docker 守护进程、相关文件和目录进行审计。
- 设置适当的默认文件描述符数。
- 确保用户权限为 root 的 Docker 相关文件的访问权限为 644 或者更低。
- 周期性检查每个宿主机的容器清单,清理不必要的容器。

网络级别

- 通过 iptables 设定规则,禁止或允许容器之间的网络流量。
- 允许 Dokcer 修改 iptables。
- 禁止将 Docker 绑定到其他 IP/Port 或者 UNIX Socket 上。
- 禁止在容器上映射特权端口,容器上只能开放所需要的端口。
- 禁止在容器上使用主机网络模式。
- 若宿主机有多个网卡,需要将容器的入口流量绑定到特定的主机网卡上。

镜像级别

- 创建本地镜像仓库服务器。
- 确保镜像中的软件都为最新版本。
- 使用可信镜像文件,通过安全通道下载。
- 重新构建镜像而非对容器和镜像打补丁。
- 合理管理镜像标签,及时移除不再使用的镜像。
- 使用镜像扫描。

- 使用镜像签名。

容器级别

- 将容器最小化。
- 确保容器以单一主进程方式运行。
- 禁止 privileged 标记使用特权容器。
- 禁止在容器上运行 SSH 服务。
- 以只读的方式挂载容器的根目录系统。
- 明确定义属于容器的数据盘符。
- 通过设置 on-failure 限制容器尝试重启的次数。
- 限制容器中可用的进程数量，以防止 fork 炸弹。

其他设置

- 定期对宿主机系统及容器进行安全审计。
- 使用最少资源和最低权限运行容器。
- 避免在同一宿主机上部署大量容器，维持一个能够管理的数量即可。
- 监控 Docker 容器的性能以及其他各项指标。
- 增加实时威胁检测和事件响应功能。
- 使用中心和远程日志收集服务。

除了以上要点，Docker 容器本身在使用时也有一些安全措施，下面具体来看。

容器最小化

仅在容器中运行必要的服务，像 SSH 等服务是绝对不能开启的。比如，可以使用以下命令来管理容器。

```
docker exec -it mycontainer bash
```

Docker Remote API 访问控制

Docker 的远程调用 API 接口存在未授权访问漏洞，至少应该限制外网访问。如果可以，还是建议使用 Socket 方式访问。

建议监听内网 IP 地址或者 localhost、Docker Daemon 的启动方式，命令如下。

```
docker -d -H uninx:///var/run/Docker.sock  -H tcp://10.10.10.10:2375#
```

或在 Dock0065r 默认配置文件中指定 other_args=" -H unix:///var/run/docker.sock -H tcp://10.10.10.10:2375"，然后在宿主 iptables 上访问控制，代码如下。

```
*filter:
HOST_ALLOW1 - [0:0]
-A HOST_ALLOW1 -s 10.10.10.1/32 -j ACCEPT
-A HOST_ALLOW1 -j DROP
-A INPUT -p tcp -m tcp -d 10.10.10.10 --port 2375 -j HOST_ALLOW1
```

限制流量流向

可以使用 iptables 过滤器限制 Docker 容器的源 IP 地址范围和流量流向，代码如下。

```
Iptables -A FORWARD -s <source_ip_range> -j REJECT --reject-with icmp-admin-prohibited
Iptables -A FORWARD -i docker0 -o eth0 -j DROP
Iptables -A FORWARD -i docker0 -o eth0 -m state - state ESTABLISHED -j ACCEPT
```

使用普通用户启动 Docker 服务

截至 Docker 1.10 版本，用户命名空间均由 Docker 守护程序直接支持。此功能允许将容器中的 root 用户映射到容器外部的非 uid-0 用户，可以帮助降低容器中断的风险。此功能可用，但默认情况下不会启用。下面简单介绍两种常见的使用普通用户启动 Docker 服务的方法。

- 使用用户映射

    要解决特定容器中的用户 0 在宿主机系统上等于 root 的问题，LXC 允许重新映射用户和组 ID。配置文件条目如下。

    ```
    lxc.id_map = u 0 100000 65536
    lxc.id_map = g 0 100000 65536
    ```

    这样可以将容器中的前 65536 个用户和组 ID 映射到宿主机的 100000~165536 用户段上。主机上的相关文件是/etc/subuid 和/etc/subgid。

对于 Docker 而言，这意味着将其作为-lxc-conf 参数添加到了 docker run 命令中。

```
docker run -lxc-conf ="lxc.id_map = u 0 100000 65536" -lxc-conf ="lxc.id_map = g 0 100000 65536"
```

- 启动容器时不含有--privileged 参数，具体命令如下。

```
docker run -it debian8:standard /bin/bash
```

文件系统限制

挂载的容器根目录是绝对只读的，而且不同容器对应的文件目录权限分离，最好每个容器在宿主机上都有自己单独的分区。如下面的脚本所示，我们分别启动两个 Docker 容器，并且将不同的系统用户挂载在不同的磁盘目录下。

```
su con1
docker run -v dev:/home/mc_server/con1 -it debian8:standard /bin/bash
su con2
docker run -v dev:/home/mc_server/con2 -it debian8:standard /bin/bash
```

保证镜像安全

在镜像仓库客户端使用证书认证，对下载的镜像进行检查，与 CVE 数据库同步扫描镜像，一旦发现漏洞便通知用户处理，或者直接阻止镜像继续构建。

如果使用的是公司自己的镜像源，则可以跳过此步骤，否则至少需要验证 BaseImage 的 MD5 等特征值，确认一致后再基于 BaseImage 进一步构建镜像。

一般情况下，要确保只从受信任的库中获取镜像，并且不使用--insecure-registry=[]参数。具体实现我们会在后面的漏洞扫描部分详细介绍。

保证 Docker Client 端与 Docker Daemon 的通信安全

按照 Docker 官方的说法，为了防止链路劫持、会话劫持等问题导致 Docker 通信时被中间人攻击，通信的两端应该通过加密方式进行通信，具体如下。

```
docker -tlsverify -tlscacert=ca.pem -tlscert=server-cert.pem -tlskey=server-key.pem -H=0.0.0.0:2376
```

资源限制

若想限制容器资源的使用，最好支持动态扩容，这样既可以尽可能地降低安全风险，也不影响业务。下面是使用样例，限制了 CPU 使用第二个核，分配 CPU 的利用率权重为 2048（默认的单核 CPU 的利用率权重是 1024，2048 表示完全占有两个核）。

```
docker run -tid –name ec2 –cpuset-cpus 3 –cpu-shares 2048 -memory 2048m –rm –blkio-weight 100 --pids--limit 512
```

更多限制可以参考 Docker 官方说明。

宿主机及时升级内核漏洞

使用 Docker 容器对外提供服务时，还要考虑宿主机故障或者需要升级内核的情况。这时为了不影响在线业务，Docker 容器应该支持热迁移，这一项可以纳入容器调度系统的功能设计中。此外，还应考虑后续的内核升级方案的规划、执行以及回迁等。

避免 Docker 容器中的信息泄露

我们一般使用 Dockerfile 或者 docker-compose 文件创建容器，像之前 GitHub 上出现个人或企业账号密码大量泄露的问题一样，如果这些文件中存在账号密码等认证信息，一旦 Docker 容器对外开放，这些宿主机上的敏感信息也会随之泄露。因此可以通过以下方式检查容器创建模板的内容。

```
# check created users
grep authorized_keys $dockerfile
# check OS users
grep "etc/group" $dockerfile
# Check sudo users
grep "etc/sudoers.d" $dockerfile
# Check ssh key pair
grep ".ssh/.*id_rsa" $dockerfile
# Add your checks in below
```

安装安全加固

要使用安全的 Linux 内核、内核补丁。如 SELinux、AppArmor、Grsecurity 等，这些都是 Docker 官方推荐安装的安全加固组件。

在此要特别提醒的是，SELinux 这类安全策略开启时要千万注意，因为它往往会导致现有生产中的很多物理应用出现异常。

如果先前已经安装并配置过 SELinux，那么便可以在容器中使用 setenforce 1 命令来启用它。

Docker 守护进程的 SELinux 功能默认是禁用的，需要使用--selinux-enabled 命令来启用。容器可使用新增的--security-opt 标签加载 SELinux 或 AppArmor 的策略进行配置，该功能在 Docker 1.3 版本中引入，具体如下。

```
docker run --security-opt=secdriver:name:value -i -t centos bash
```

限制系统命令调用

在系统调用层面，seccomp（secure computing mode）就是安全计算模式，使用这个模式可以在容器对系统进行调用时设置一些筛选，也就是所谓的白名单。它可以指定允许容器使用哪些调用，禁止容器使用哪些调用，这样就可以增强隔离，其实也是访问控制的一部分。

在函数调用层面，通过使用 - security-optseccomp=<profile>标记来指定自定义的 seccomp 描述文件。以下命令将会允许在容器内使用 clock_adjtime 调用。

```
$ docker run -d –security-opt seccomp:allow:clock_adjtime ntpd
```

以下命令将会禁止容器内执行的 shell 查询自己当前所在的目录。

```
$ docker run -d –security-opt seccomp:deny:getcwd /bin/sh
```

SUID 和 GUID 限制

SUID 和 GUID 程序在受攻击导致任意代码执行（如缓冲区溢出）时将非常危险，因为它们将运行在进程文件所有者或组的上下文中。如果可能的话，可以使用特定的命令行参数降低赋予容器的能力，阻止 SUID 和 GUID 生效，代码如下。

```
docker run -it --rm --cap-drop SETUID --cap-drop SETGID
```

还有一种做法，可以考虑在挂载文件系统时使用 nosuid 属性来移除 SUID 能力。

最后一种做法是，删除系统中不需要的 SUID 和 GUID 程序。这类程序可以通过在 Linux 系统中运行以下命令找到。

```
find / -perm -4000 -exec ls -l {} \; 2>/dev/null
find / -perm -2000 -exec ls -l {} \; 2>/dev/null
```

然后，可以使用如下命令取消 SUID 和 GUID 文件权限。

```
sudo chmod u-s filename sudo chmod -R g-s directory
```

能力限制

我们要尽可能降低 Linux 的能力。Docker 默认的能力包括 chown、dac_override、fowner、 kill、setgid、setuid、setpcap、net_bind_service、net_raw、sys_chroot、mknod、setfcap 和 audit_write。在命令行启动容器时，可以通过--cap-add=[]或--cap-drop=[]命令进行控制，示例如下。此功能在 Docker 1.2 版本中引入。

```
docker run --cap-drop setuid --cap-drop setgid -ti <container_name> /bin/sh
```

多租户环境

由于 Docker 容器内核具有共享性质，因此无法在多租户环境中安全地实现责任分离。此时，建议将容器运行在没有其他目的且不用于敏感操作的宿主机上。可以考虑将所有服务迁移到 Docker 控制的容器池中。可能的话，可以在启动守护进程时使用--icc=false 命令，并根据需要在执行 docker run 命令时指定-link，或通过--export=port 暴露容器的一个端口，而不在宿主机上发布，将相互信任的容器的组映射到不同机器上。

完全虚拟化

使用一个完全虚拟化的解决方案来容纳 Docker，如使用 KVM。如果容器内的内核漏洞被发现，这样便可以防止漏洞从容器扩大到宿主机上。类似 Docker-in-Docker 工具，Docker 镜像可以嵌套使用，以提供 KVM 虚拟层。

日志分析

收集并归档与 Docker 相关的安全日志可以达到审核和监控的目的，一般建议使用 rsyslog 或 stdout+ELK 的方式进行日志收集、存储与分析，因为 Docker 本身要求轻量，所以不建议直接在 Docker 上安装日志采集进程。比如我们可以在宿主机上使用以下命令在容器外部访问日志文件。

```
docker run -v /dev/log:/dev/log <container_name> /bin/sh
```

Docker 的内置命令如下。

```
docker logs 002E.. (-f to follow log output)
```

日志文件也可以通过 docker export 命令导出为一个压缩包，实现持久存储。

漏洞扫描

前面提到的镜像安全，与这里的漏洞扫描关联很密切，两者可以使用相同的工具实现安全扫描，不过漏洞扫描更倾向于外部检测，镜像安全则需要镜像仓库和 CI 系统联动，始终不是一回事。下面我们来介绍五款用于 Docker 漏洞扫描的工具。它们各有千秋，从镜像到宿主机到容器，从 Dockerfile 到 docker-compose 文件，从安全基线检查到漏洞发现，从容器安全到性能优化，均有覆盖。

- Docker-slim

    创建小容器时需要选用大量正确且合适的基础容器，小心编排你的 Dockerfile。我们可以使用一个名为 Docker-slim 的工具，它将使用静态分析和动态分析结合的方法为应用程序创建一个紧凑的容器。要想了解关于 Docker-slim 的更多内容，大家可以参考网络上的资源。

- Docker Bench for Security

    Docker Bench for Security 是一个脚本，用于检查在生产环境中部署 Docker 容器的几十个常见的最佳实践，测试都是自动化的，受 CIS Docker 1.13 基准的启发而产生。大家可以参考网络上的资源进行深入学习。

- Clair

    Clair 是一个用于静态分析应用程序容器中的漏洞的开源项目，基于 Kubernetes，将镜像上传到 Clair 所在的机器进行扫描即可。从已知的一组源连续导入漏洞数据，并与容器映像的索引内容相关联，可以产生威胁容器的漏洞列表。当漏洞数据在上游发生变化时，可以传递通知，API 会进行查询并提供漏洞的先前状态、新状态，以及受这两者影响的图像。

- Container-compliance

    Container-compliance 是基于 OpenSCAP 的用于评估镜像、容器合规性的资源和工具。要想了解更多内容可以参考网络上的资源。

- Lynis

    Lynis 本身是一套 Linux/UNIX 系统安全审计的 shell 脚本，执行时的系统消耗很低。Lynis-Docker 是 Lynis 的一个插件，这个插件用于收集关于 Docker 配置的信息。

端口扫描

很多人认为，相比物理机和传统虚拟机的安全风险，容器被入侵带来的风险很低，因此可以直接将 Docker 容器对外网开放，而且不配置任何访问控制。另外，也会存在宿主机 iptables

错误调用导致容器直接对外开放的问题。因此，针对容器进行快速批量端口扫描就显得很有必要了，目前，Nmap 和 Masscan 这两款工具用得比较多。

  Nmap 支持 TCP/UDP 端口扫描以及自定义插件扫描任意漏洞，是最著名、应用最广的端口扫描器。Masscan 的扫描结果类似于 Nmap，它更像 Scanrand、Unicornscan 和 ZMap，采用的是异步传输的方式，它和这些扫描器最主要的区别在于，它比这些扫描器执行速度更快。

第 9 章

Docker 与 DevOps

在前面几章中，我们为大家介绍了 Docker 的逻辑架构、网络架构和安全架构，在这一章中，我们将主要介绍与开发运维人员关系最密切的 DevOps，解读 Docker 与 DevOps 的关系。

9.1 DevOps 概要

本书中多次提及 DevOps 的概念，为了便于各位读者理解，本节将对 DevOps 的基本概念和常识稍作介绍。

随着互联网应用复杂度的提升和开发节奏的加快，原有软件的开发运维模式得到了革新，DevOps 的概念由此产生，也成了其本质。

以银行系统为例，在传统软件开发时代，一个银行系统可能一年发布两个版本，一个版本开发耗时三个月，测试耗时两个月，上线耗时一个月。整个银行的核心系统和外部系统之间的依赖关系稳定且清晰，拓扑架构十年内可能都不会发生大的改变。在这种开发模式下，从开发到测试，再到运维，都需要人为干预，虽然其中可能用到一些半自动化的工具，比如 Jenkins、Sonar，但是所有环节并没有被自动化地串联起来。

随着互联网行业的沸腾，很多互联网产品往往会经历"从 0 到 1 要耗时一年，但是从 1 到 10 000 只需要一天"的指数级增长。指数级的增长就需要指数级的开发效率，于是大家便去观察那些 TOP50 的互联网企业，这些企业往往拥有上千名技术人员，以及几百条产品线，能够同时开发几十个项目，项目中间互相穿插，环境互相依赖，开发阶段不断重叠。在这种情况下，如果还用以前传统软件开发的模式，显然会拖累业务发展。

正因如此，DevOps 诞生了！

我们需要打通各个环节,让开发者可以一边开发程序,一边进行代码仓库的编译,同时执行代码检查。开发者完成每个迭代周期的开发任务,就流畅地将应用发布到测试环境中,让测试自动化执行脚本。测试完毕后,再自动将应用推送到生产环境,自动流畅升级,升级中还能根据应用版本动态调整负载均衡器和服务注册中心的策略。

要想达到此种效果,Docker 是最佳的选择!

因为 Docker 是轻量级的,所以可以轻快地在各个项目阶段之间流转。因为 Docker 是将代码和配置装入容器中的,所以可以实现"编译一次,到处运行",真正做到与环境无关。因为 Docker 能够配合各种分布式网络框架实现最便捷的租户隔离,所以十分适合在多项目混杂开发的公司中使用。

因此,Docker 实在是 DevOps 的利器和救星!那么下面我们就来介绍几个将 Docker 与 DevOps 结合起来工作的技术要点。

9.2 Docker 容器的代码挂载机制

如何在 Docker 容器中挂载代码呢?主流的方式有两种,分别是静态导入和动态导入,下面我们就分别来介绍一下这两种方式。

9.2.1 静态导入

比如我们书写如下的简单 Dockerfile,可以将代码直接复制到镜像中。

```
FROM tomcat
MAINTAINER tony
copy ./websrc /usr/local/tomcat/webapps/test
```

然后执行如下的 docker build 命令,将代码和 Tomcat 基础镜像重新打包成发布用的镜像文件。

```
[root@localhost tomcat]# docker build -t test1:v1 .
Sending build context to Docker daemon 2.048 kB
Step 1 : FROM tomcat
 ---> 108db0e7c85e
Step 2 : MAINTAINER tony
 ---> Running in bfb5771b85ce
 ---> 9f909c6fb85d
```

```
Removing intermediate container bfb5771b85ce
Step 3 : COPY ./websrc /usr/local/tomcat/webapps/test
```

接着就能使用这个镜像文件直接执行 docker run 命令了。

这么做的优点在于，非常符合 DevOps 的思路——镜像即环境，镜像包含代码，可以在各个环境中无缝迁移。

缺点在于，在版本迭代太快的情况下，需要进行版本维护，镜像文件会占用较大的内存空间。

9.2.2　动态导入

除了静态导入，另一个在 Docker 容器中挂载代码的做法是，把本地代码卷轴挂载到 Docker 容器中，也称动态导入，代码如下。

```
FROM tomcat
MAINTAINER tony
RUN mkdir -p /usr/local/tomcat/webapps/test2
VOLUME /usr/local/tomcat/webapps/test
```

然后直接运行 docker run 基础镜像，通过-v 参数将本地磁盘中的代码目录挂载上去即可，命令如下。

```
docker run -v ./web:/usr/local/tomcat/webapps/test test2:v1
```

这么做的优点在于，镜像小，部署灵活，比如每次发布新版本的时候，只要重启 Docker 容器即可。

这么做的缺点在于，不符合 Docker 的哲学，让镜像和代码分离，不能达成"编译一次，到处运行"的目的。如何回滚？如何扩容？这都是需要解决的问题。

综合行业内的不同做法和我们多年的经验，笔者个人倾向选用静态导入的方式，把代码装载进镜像，实现镜像即代码，编译一次，到处运行。这么做虽然有些烦琐，但是更符合 Docker 的哲学。

9.3　Docker 与服务发现

在 Docker 环境下治理微服务的一个重大挑战在于，Docker 容器的 IP 地址都是动态获取的，而且这些 IP 地址往往是 Docker 内部虚拟网络的地址,这种情况下让服务链条上不同网段下的应用流畅通信就会有一定的难度。

Docker 环境依赖的核心技术之一是服务发现。服务发现的基本思想在于,让任何一个应用实例都能以编程的方式获取当前环境的细节。这是为了让新的实例可以嵌入现有的应用环境中,而不需要人为干预。

服务发现工具通常是用全局可访问的存储信息注册表来实现的,存储了当前正在运行的实例或者服务的信息。大多数情况下,为了使配置具有容错与扩展能力,这个工具会分布式地存储在基础设施中的多个宿主机上。

虽然服务发现工具的初衷是提供连接信息来连接不同的组件,但是它们更普遍地被用来存储各种类型的配置信息。许多部署工具通过写入它们的配置信息使服务发现工具具备这个特性。如果容器配置了服务发现工具,它们就可以查询预配置信息,并根据这些信息来调整自身行为。

每一个服务发现工具都会提供一套 API,使得组件可以使用其搜索数据。正是因为如此,服务发现的地址要么被强制编码到程序或容器内部,要么在运行时以参数形式提供。通常来说,服务注册信息以键值对的形式来实现持久化,采用标准 HTTP 协议进行交互。

当每一个服务启动上线之后,它们通过服务发现工具来注册自身信息,记录一个相关组件想要使用某种服务时的全部必要信息。例如,一个 MySQL 数据库服务会在服务启动上线后注册它运行的 IP 地址和端口,如有必要,登录时的用户名和密码也会保留下来。

当一个服务的消费者上线时,它能够在预设的终端查询该服务的相关信息,然后就可以基于查询的信息与其需要的组件进行交互。负载均衡就是一个很好的例子,它可以通过查询服务发现得到各个后端节点承受的流量数,然后根据这个信息来调整配置。这样可以将配置信息从容器内取出,让组件容器更加灵活,并不受限于特定的配置信息,还可以使组件与新的相关服务实例的交互变得更加简单,可以动态进行配置调整。

全局分布式服务发现系统的一个主要优势是,它可以存储任何类型组件运行时所需的配置信息,这就意味着可以从容器内将更多的配置信息抽取出来,并放入更大的运行环境中。

通常来说,为了让这个过程更高效,应用在设计时应该被赋予合理的默认值,并且在运行时可以通过查询配置存储来覆盖这些值。这与执行命令行标记的工作方式类似,区别在于,通过一个全局配置,存储可以不做额外工作就对所有组件的实例进行同样的配置操作。

在 Docker 部署过程中,最初可能不太明显的分布式键值的功能是对集群成员进行存储和管理。配置存储是追踪宿主机成员变更和管理工具的最好环境。一些可能存在分布式键值的用于存储个人宿主机的信息如下。

- 宿主机 IP 地址
- 宿主机自身的链接信息
- 与调度信息有关的标签或元数据信息
- 集群中的角色（针对采用主从模式的集群）

在正常情况下，使用一个服务发现工具时，这些细节可能不是你需要考虑的，但是它们为管理工具提供了一个可以查询或修改集群自身信息的场景。

故障检测的实现方式也有很多种。需要考虑的是，当一个组件出现故障时，服务发现工具能否更新状态并指出该组件不能再提供服务。这个信息是至关重要的，关系到应用或服务出现故障的可能性。

许多服务发现工具允许赋值时带有一个可配置的超时时间。组件可以设置一个超时时间，并定期请求服务发现来重置超时时间。如果该组件出现故障，超时时间达到设定值，那么这个组件的连接信息就会从服务发现的存储中被去掉。超时时间的长度在很大程度上是快速应用程序对组件故障的映射。

上述功能也可以通过将一个基本的"助手"容器（Sidekick）与每一个组件相连来实现，而它们唯一的职责便是定期对组件进行健康检查，以及在组件出现故障时更新注册表。这种类型的架构存在一个令人担忧的问题：如果助手容器出现故障，则将导致存储中出现不正确的信息。一些系统通过在服务发现工具中定义健康检查来解决这个问题，这样就可以定期检查已注册的组件是否仍然可用了。

对于基本的服务发现模型来说，可进行的关键改进就是进行动态重新配置。普通服务发现工具允许用户通过检查启动时的信息来影响组件的初始配置，而动态重新配置需要通过配置组件来反映配置存储中的新信息。例如，当你在某一个负载均衡器下挂载一组服务集群时，后端服务器上的健康检查可能会提示：集群中的某一个成员出现了故障。运行中的成员机器需要知道这个信息，并调整配置信息，重新刷新集群的负载策略。

某些项目非常灵活，它们可以在任何类型的软件中被用来触发变更。这些项目周期性地请求服务发现工具，并且当变更被发现时会利用模板系统和服务发现工具中的值来生成新的配置文件。当配置文件生成后，相应的服务将被重新加载。

这种类型的动态配置策略在构建过程中需要进行规划，因为这些策略都要在组件容器之中被执行，这使得组件容器要负责调整自身的配置，找出需要存在于服务发现工具中的必要参数值，并设计一个适当的数据结构以便使用，这是系统的另一个技术挑战，但是一旦实现便可以带来可观的效益和灵活性。

一些常见的服务发现工具如下。

- etcd：这是 CoreOS 的创建者提出的工具，可面向容器和宿主机提供服务发现和全局配置存储功能。它在每个宿主机上都有基于 HTTP 协议的 API 和命令行客户端。

- Consul：该服务发现工具有很多高级的特性，例如配置健康检查、ACL 功能、HAProxy 配置等，因此能够脱颖而出。

- ZooKeeper：该工具较上面两个而言比较老旧，提供了一个更加成熟的平台，也提供了一些新特性。

一些基本服务发现工具的扩展项目如下。

- Confd：旨在基于服务发现的变化动态重新配置应用程序。该系统中包含了一个能够监测节点变化的工具，以及一个根据获取到的值来生成配置文件的模板系统，能够根据服务配置的动态变化重新加载受影响的应用集群。

- Dubbox：对于 Dubbox 或者 Spring Cloud 这种 RPC 框架，服务发现是自带的机制，不是什么难题。但是对于没有服务治理或者 RESTful 的 PHP 服务而言，如何将现有的服务治理框架融合进去，达成跨语言、跨平台服务治理，便是一个很大的问题。

- Service Mesh：根据集群状态动态调整负载均衡策略和应用上下线是 Service Mesh 的一个技术特点。另外，Service Mesh 还提供了跨语言、跨通信模式的服务自发现技术。

下面我们来看一下如何在 Spring Cloud 的 SideCar 模块中实现 Service Mesh 服务的跨语言自发现特性。我们将结合 Spring Cloud 中 SideCar 的官方文档，介绍一下跨语言服务发现机制。官方文档中的说明如下。

> Do you have non-JVM languages you want to take advantage of Eureka, Ribbon and Config Server? The Spring Cloud Netflix SideCar was inspired by Netflix Prana. It includes a simple

> HTTP API to get all of the instances (ie host and port) for a given service. You can also proxy service calls through an embedded Zuul proxy which gets its route entries from Eureka. The Spring Cloud Config Server can be accessed directly via host lookup or through the Zuul Proxy. The non-JVM App should implement a health check so the SideCar can report to Eureka if the App is up or down.

大概的意思是，一个非 JVM 程序，如 PHP、Python 等，想要注册到 Eureka 上，并和 Eureka 上注册的 Java 应用享受同样的服务治理，就要运用 SideCar 模块统一服务管理，检查服务的健康状态。

从具体技术实现上来看，SideCar 的原理就是监听应用所运行的端口，然后检测程序的运行状态。下面我们以一个 PHP 项目接入 Eureka 进行服务治理的实例来看一下实现服务治理的过程。

第一步：我们先编写一个如下所示的 PHP 示例。

```
import httplib

from twisted.web import server, resource
from twisted.internet import reactor, endpoints

class Health(resource.Resource):
    isLeaf = True
def render_GET(self, request):
    request.setHeader("content-type", "application/json")
    return '{"status":"UP"}\n'

class Fortune(resource.Resource):
    isLeaf = True
def render_GET(self, request):
    conn = httplib.HTTPConnection('localhost', 5678)
    conn.request("GET", "/fortunes")
    res = conn.getresponse()
    fortune = res.read()
    request.setHeader("content-type", "text/plain")
    return fortune

root = resource.Resource()
```

```
root.putChild('health', Health())
root.putChild('', Fortune())
endpoints.serverFromString(reactor, "tcp:5680").listen(server.Site(root))
reactor.run()
```

第二步：创建一个 Spring Boot 项目，包装 spring-cloud-starter-eureka-server 的 jar 包，对外提供微服务注册功能，代码如下。

```xml
<?xml version="1.0" encoding="UTF-8"?>
 <project xmlns=http://maven.apache.org/POM/4.0.0 xmlns:xsi="http://www.w3.org/2001/XMLSchema-instance"
  xsi:schemaLocation="http://maven.apache.org/POM/4.0.0 http://maven.apache.org/xsd/maven-4.0.0.xsd">
<modelVersion>4.0.0</modelVersion>

<groupId>org.test</groupId>
<artifactId>eureka</artifactId>
<version>0.0.1-SNAPSHOT</version>
<packaging>jar</packaging>

<name>eureka</name>
<description>Demo project for Spring Boot</description>

<parent>
    <groupId>org.springframework.boot</groupId>
    <artifactId>spring-boot-starter-parent</artifactId>
    <version>1.2.5.RELEASE</version>
    <relativePath/> <!-- lookup parent from repository -->
</parent>

<properties>
    <project.build.sourceEncoding>UTF-8</project.build.sourceEncoding>
    <java.version>1.8</java.version>
</properties>

<dependencies>
    <dependency>
        <groupId>org.springframework.boot</groupId>
        <artifactId>spring-boot-starter-actuator</artifactId>
    </dependency>
```

```xml
    <dependency>
        <groupId>org.springframework.cloud</groupId>
        <artifactId>spring-cloud-starter-eureka-server</artifactId>
    </dependency>
    <dependency>
        <groupId>org.springframework.boot</groupId>
        <artifactId>spring-boot-starter-web</artifactId>
    </dependency>

    <dependency>
        <groupId>org.springframework.boot</groupId>
        <artifactId>spring-boot-starter-test</artifactId>
        <scope>test</scope>
    </dependency>
    <dependency>
        <groupId>org.springframework.boot</groupId>
        <artifactId>spring-boot-test</artifactId>
        <version>RELEASE</version>
    </dependency>
    <dependency>
        <groupId>org.springframework</groupId>
        <artifactId>spring-test</artifactId>
        <version>RELEASE</version>
    </dependency>
</dependencies>

<dependencyManagement>
    <dependencies>
        <dependency>
            <groupId>org.springframework.cloud</groupId>
            <artifactId>spring-cloud-starter-parent</artifactId>
            <version>Angel.SR3</version>
            <type>pom</type>
            <scope>import</scope>
        </dependency>
    </dependencies>
</dependencyManagement>

<build>
```

```xml
<plugins>
    <plugin>
        <groupId>org.springframework.boot</groupId>
        <artifactId>spring-boot-maven-plugin</artifactId>
    </plugin>
</plugins>
</build>
</project>
```

按照如下代码修改 Spring Boot 工程的 application.properties 配置文件，此处的 server.port 是应用监听的端口，eureka.client.fetch-registry 用于判断是否需要将该工程注册到 Eureka 上，因为我们本次创建的应用角色是 Eureka 注册中心，无须另行注册，所以此处需要设置为 false。

```
server.port=8761
eureka.client.fetch-registry=false
eureka.client.register-with-eureka=false
```

接着在 EurekaApplication 中添加注解@EnableEurekaServer，开启注册中心，代码如下。

```java
/**
 * 开启注册中心
 */
@SpringBootApplication
@EnableEurekaServer
public class EurekaApplication{
    public static void main(String[] args){
        SpringApplication.run(EurekaApplication.class,arg);
    }
}
```

第三步：再创建一个 Spring Boot 项目作为 ConfigServer 角色，代码如下。

```xml
<?xml version="1.0" encoding="UTF-8"?>
<project xmlns=http://maven.apache.org/POM/4.0.0 xmlns:xsi="http://www.w3.org/2001/XMLSchema-instance"
xsi:schemaLocation="http://maven.apache.org/POM/4.0.0 http://maven.apache.org/xsd/maven-4.0.0.xsd">
<modelVersion>4.0.0</modelVersion>

<groupId>org.test</groupId>
<artifactId>configserver</artifactId>
<version>0.0.1-SNAPSHOT</version>
```

```xml
<packaging>jar</packaging>

<name>configserver</name>
<description>Demo project for Spring Boot</description>

<parent>
    <groupId>org.springframework.boot</groupId>
    <artifactId>spring-boot-starter-parent</artifactId>
    <version>1.2.5.RELEASE</version>
    <relativePath/> <!-- lookup parent from repository -->
</parent>

<properties>
    <project.build.sourceEncoding>UTF-8</project.build.sourceEncoding>
    <java.version>1.8</java.version>
</properties>

<dependencies>
    <dependency>
        <groupId>org.springframework.boot</groupId>
        <artifactId>spring-boot-starter-actuator</artifactId>
    </dependency>
    <dependency>
        <groupId>org.springframework.cloud</groupId>
        <artifactId>spring-cloud-config-server</artifactId>
        <exclusions>
            <exclusion>
                <groupId>org.springframework.security</groupId>
                <artifactId>spring-security-rsa</artifactId>
            </exclusion>
        </exclusions>
    </dependency>
    <dependency>
        <groupId>org.springframework.boot</groupId>
        <artifactId>spring-boot-starter-web</artifactId>
    </dependency>
    <dependency>
        <groupId>org.springframework.cloud</groupId>
        <artifactId>spring-cloud-starter-eureka</artifactId>
```

```xml
        </dependency>

        <dependency>
            <groupId>org.springframework.boot</groupId>
            <artifactId>spring-boot-starter-test</artifactId>
            <scope>test</scope>
        </dependency>
        <dependency>
            <groupId>org.springframework.boot</groupId>
            <artifactId>spring-boot-test</artifactId>
            <version>RELEASE</version>
        </dependency>
        <dependency>
            <groupId>org.springframework</groupId>
            <artifactId>spring-test</artifactId>
            <version>RELEASE</version>
        </dependency>
</dependencies>

<dependencyManagement>
    <dependencies>
        <dependency>
            <groupId>org.springframework.cloud</groupId>
            <artifactId>spring-cloud-starter-parent</artifactId>
            <version>Angel.SR3</version>
            <type>pom</type>
            <scope>import</scope>
        </dependency>
    </dependencies>
</dependencyManagement>

<build>
    <plugins>
        <plugin>
            <groupId>org.springframework.boot</groupId>
            <artifactId>spring-boot-maven-plugin</artifactId>
        </plugin>
    </plugins>
</build>
```

```
</project>
```

按照如下代码所示方式修改该工程的 application.properties 配置文件，这里的 spring.cloud.config.server.git.uri 指的是配置文件的 Git 目录。

```
server.port=8888 spring.cloud.config.server.git.uri=https://github.com/xxxxxx/config-repo
```

同理修改配置文件 bootstrap.properties，注意此处的 sidecar.health-uri 代表 PHP 系统的 health-uri 的地址。

```
server.port=5678
sidecar.port=3000 sidecar.health-uri=http://localhost:${sidecar.port}/phpTest/health.json
```

第四步：编写一个对接 PHP 的 SideCar 程序，代码如下。

```xml
<?xml version="1.0" encoding="UTF-8"?>
<project xmlns="http://maven.apache.org/POM/4.0.0" xmlns:xsi="http://www.w3.org/2001/XMLSchema-instance"
    xsi:schemaLocation="http://maven.apache.org/POM/4.0.0 http://maven.apache.org/xsd/maven-4.0.0.xsd">
    <modelVersion>4.0.0</modelVersion>

    <groupId>org.test</groupId>
    <artifactId>sidecar</artifactId>
    <version>0.0.1-SNAPSHOT</version>
    <packaging>jar</packaging>

    <name>sidecar</name>
    <description>Demo project for Spring Boot</description>

    <parent>
        <groupId>org.springframework.boot</groupId>
        <artifactId>spring-boot-starter-parent</artifactId>
        <version>1.2.5.RELEASE</version>
        <relativePath/> <!-- lookup parent from repository -->
    </parent>

    <properties>
        <project.build.sourceEncoding>UTF-8</project.build.sourceEncoding>
        <java.version>1.8</java.version>
```

```xml
</properties>

<dependencies>
    <dependency>
        <groupId>org.springframework.boot</groupId>
        <artifactId>spring-boot-starter-actuator</artifactId>
    </dependency>
    <dependency>
        <groupId>org.springframework.cloud</groupId>
        <artifactId>spring-cloud-starter-config</artifactId>
    </dependency>
    <dependency>
        <groupId>org.springframework.cloud</groupId>
        <artifactId>spring-cloud-starter-eureka</artifactId>
    </dependency>
    <dependency>
        <groupId>org.springframework.boot</groupId>
        <artifactId>spring-boot-starter-web</artifactId>
    </dependency>
    <dependency>
        <groupId>org.springframework.cloud</groupId>
        <artifactId>spring-cloud-netflix-sidecar</artifactId>
    </dependency>


    <dependency>
        <groupId>org.springframework.boot</groupId>
        <artifactId>spring-boot-starter-test</artifactId>
        <scope>test</scope>
    </dependency>
    <dependency>
        <groupId>org.springframework</groupId>
        <artifactId>spring-test</artifactId>
        <version>RELEASE</version>
    </dependency>
    <dependency>
        <groupId>org.springframework.boot</groupId>
        <artifactId>spring-boot-test</artifactId>
        <version>RELEASE</version>
    </dependency>
```

```xml
</dependencies>

<dependencyManagement>
    <dependencies>
        <dependency>
            <groupId>org.springframework.cloud</groupId>
            <artifactId>spring-cloud-starter-parent</artifactId>
            <version>Angel.SR3</version>
            <type>pom</type>
            <scope>import</scope>
        </dependency>
    </dependencies>
</dependencyManagement>

<build>
    <plugins>
        <plugin>
            <groupId>org.springframework.boot</groupId>
            <artifactId>spring-boot-maven-plugin</artifactId>
        </plugin>
    </plugins>
</build>
</project>
```

在如下代码段中开启@EnableSidecar，启用 SideCar 模块。

```
@EnableSidecar
@SpringBootApplication
public class SidecarApplication{
Public static void main(String[] args){
   SpringApplication.run(SidecarApplication.class,args);
   }
}
```

接着，改写该工程的 application.properties 文件，代码如下。

```
server.port=5678
sidecar.port=3000
sidecar.health-uri=http://localhost:${sidecar.port}/phpTest/health.json
```

server.port=5678 指定了这个 SideCar 运行时所占用的端口。sidecar.port=3000 指定了 SideCar

监听非 JVM 应用程序的端口，就是 PHP 程序所挂载的服务器，之前我们已经把服务器端口改成了 3000。

sidecar.health-uri=http://localhost:${sidecar.port}/phpTest/health.json 则指定了 PHP 程序返回给 SideCar 的健康指标状态，这里是通过一个 JOSN 文件的返回表明服务的健康状态的，当然也可以通过 RESTful API 来进行一系列逻辑检查之后返回健康状态，如果程序没有正常启动，SideCar 便不能访问 health.json 文件，认定该服务健康状态检查失败，同时注册中心会显示一个 down 的状态，表示程序没有正常启动。这就是 SideCar 的基本思想。

第五步：顺序启动 Eureka、ConfigServer、SideCar，访问 http://localhost:8761/就能看到 PHP 已经成功注册到 Eureka 中了，PHP 服务健康时，界面如图 9-1 所示。

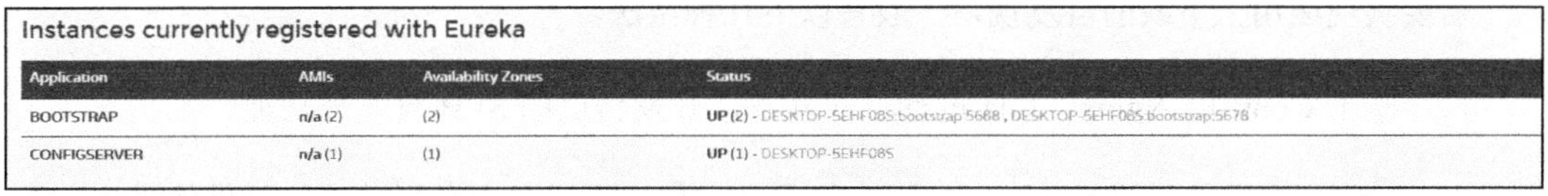

图 9-1　PHP 服务健康

关闭该 PHP，就能看到注册中心已经检测到了服务的宕机，PHP 服务不健康时，界面如图 9-2 所示。

图 9-2　PHP 服务不健康

通过上面的例子，我们简单了解了如何用 Spring Cloud 中的 SideCar 模块实现跨语言服务发现。接下来，让我们再来考虑另一种复杂的情况：对于暴露在公网上，由 Nginx 一类的 SLB 转发的前置 Java 服务，该怎么实现服务自发现呢？

比如，如图 9-3 所示，我们在最前端的负载均衡器后面挂载多台容器作为负载均衡集群，其中每个容器中都安装了一个 Java 应用，当这组容器集群中的任意一个容器出现上下线行为的时候，我们要动态地在负载均衡器上实现应用上下线的自发现，自动刷新整个集群的负载均衡策略。

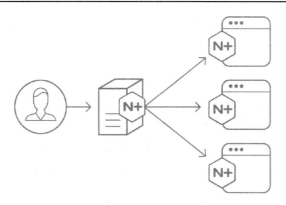

图 9-3 挂载多台容器作为负载均衡集群

若要实现应用上下线的自发现，一般有以下几种做法。

- 基于 Consul、Nginx、Lua 进行二次开发，开发自己的 SLB 自发现功能。
- Nginx 提供付费的 Nginx Plus 版本，本身就集成了服务自发现功能，可供使用。
- 在 Rancher 社区中有一个叫作 Traefik 的 SLB 工具，本身也带有服务自发现功能，可以替代 Nginx 的作用。具体内容会在第 12 章进行介绍。

因为 Docker 容器的生命周期短暂，转瞬即逝，IP 地址经常变化，所以基于 Docker 容器在服务注册中心实现自发现，以及在负载均衡器上实现服务自发现，一直以来都是技术难题。这一节中我们主要讲解了在 Docker 容器集群中如何实现服务自发现，主要介绍了基于 Service Mesh 思想的 SideCar 技术，和基于传统负载均衡器扩展的 Nginx Plus 和 Traefik 技术。具体实践和落地将会在本书第 12 章中介绍。

9.4　Dockerfile 怎么写

前面讲了许多内容，但都没有涉及 Dockerfile 的写法和编码规则，Docker 官方组织针对 Dockerfile 如何编写提供了一个指南，里面涉及许多编码规范，各位读者可以通过网络上的资源来学习更多有关内容。下面，我们结合一些实际开发中的场景来为大家逐一说明。

容器应该精简

通过 Dockerfile 所构建的 image 而产生的容器越精简（官方文档中的用词是 ephemeral，意为短暂，我认为这里翻译为"精简"较为合适）越好。这个"精简"表示，可以很容易地暂停或者销毁容器，也可以很容易地构建出一个新的容器，同时通过很简单的步骤或者配置就可以部署使用容器。

也就是说，容器本身应该是"短命"的，引申来讲，容器本身应该是无状态的，建议尽量不要用容器来存放数据，比如 DB、Redis、MQ 这种核心中间件就不适合在容器中启动。

使用.Dockerignore 文件

如果想要快速加载数据，或者提高 Docker 构建的效率，建议使用.Dockerignore 文件。除非在构建过程中需要用到.git 文件，否则应该将.git 文件添加到.Dockerignore 中,这样将减小 image 的最终大小，也会提高数据加载效率。

编译 Docker 镜像的时候也需要添加.Dockerignore 文件，这样就可以避免将不必要的无用文件编译进 Docker 镜像中。需要忽略的文件可以是 README.md 文件或者其他文件，也可以是图片以及其他不应该被装入 Docker 镜像中运行的文件。

如下所示就是一个典型的.Dockerignore 文件。

```
# comment
*/temp*
*/*/temp*
temp?

*.md
!README.md

*.md
!README*.md
README-secret.md

*.md
README-secret.md
!README*.md
```

使用多段构建

多段构建技术用于实现关联镜像构建，即在一个 Dockerfile 文件中编写多个 from 语句。

比如，我们要先编译 A 镜像，然后根据 A 镜像编译 B 镜像，使用这种技术，我们就可以减少开销。如下所示，我们通过两个 from 语句构建了一个关联镜像的编译脚本。

```
FROM golang:1.7.3WORKDIR /go/src/github.com/alexellis/href-counter/RUN go get -d -v go
lang.org/x/net/html  COPY app.go .RUN CGO_ENABLED=0 GOOS=linux go build -a -installsuff
ix cgo -o app .
FROM alpine:latest  RUN apk --no-cache add ca-certificatesWORKDIR /root/COPY --from=0 /
go/src/github.com/alexellis/href-counter/app .CMD ["./app"]
```

避免安装非必要的软件包

为了降低构建复杂度、软件依赖度，缩小 image 的尺寸，压缩构建时间，我们应该尽量回避那些非必要安装的软件包，因为这些软件包仅属于锦上添花的一类，而非必需的一类。比如，我们就没有必要在 Database image 中安装一个文本编辑器。

每个容器只能运行一个进程

每个容器只能运行一个进程，千万要避免在一个容器中运行多个进程。Docker 官方推荐"一个容器一个进程（one process per containe）"，这样便于对每个容器进行监控和调优，也便于对集群进行扩/缩容。设想一下，如果你在一个容器内装入一组进程，该如何针对每个容器内部的某一个进程进行细颗粒度地监控呢？又该如何针对每个容器内的一个进程进行横向扩展呢？难度可想而知。

保持最少数据层

在 Dockerfile 可读性和保持最少数据层之间找到平衡。一定要慎重引入新的数据层。Docker 1.10 之后的版本只有 RUN、COPY、ADD 才会创建数据层，Docker 17.05 之后的版本开始支持多段构建。

多行参数分割

如果可能的话，尽量将你准备安装的软件包按照字母顺序排列，这样可以避免重复安装软件包，同时也有助于进行软件更新。通过添加"\"进行多行参数分割，这样可以增强代码的可读性，请参考如下的 Dockerfile 命令。

```
RUN apt-get update && apt-get install -y \
  bzr \
  cvs \
  git \
  mercurial \
  subversion
```

构建 cache

Docker 在构建 image 时会按照 Dockerfile 中规定的步骤依次执行。Docker 执行每一条命令时都会在 cache 中查找有没有已存在的数据层或者可以复用的数据层，而不是每次都是重新创建。当然，如果不想使用 cache 中的数据层，那么在执行 docker build 命令时添加 --no-cache=true 也是可以的。

如果准备使用 cache 中的数据层，那么就有必要了解一下 Docker 什么时候会使用这些数据层，什么时候不会使用这些数据层。Docker 使用数据层的规则是：如果 cache 中存在 baseimage，则需要递归检查 Dockerfile 中所有的数据层定义是否和 cache 中的 baseimage 数据层定义相同。如果不相同，则 cache 数据无效。

在大多数情况下，将 Dockerfile 中的指令同 cache 中的 baseimage 数据层进行对比便可以得出结论。对于 ADD、COPY 这些命令，Docker 会检查文件，每次都会计算 image 数据层的 checksum。如果 checksum 同 cache 中的 checksum 不匹配，那么这些 cacha 中的文件将会失效。

除了 ADD、COPY 这两个命令，Docker 还会检查 cache 中有没有匹配的数据，执行其他的命令时，Docker 都不会匹配 cache 中的数据。比如执行 RUN apt-get -y update 命令时，Docker 不会检查 cache 中是否有更新后的数据，而仅仅会在 cache 中查找是否有匹配的命令字符串而已。

一旦 cache 中的数据无效了，这条命令以后的所有命令就都不会使用 cache 中的数据了，而是会产生一个新的数据层。

对于上面这些抽象的编码规则，如果想要将其具体到落地的写法，我们还要了解各个命令的具体用法。

FROM

如果有可能，建议使用官方提供的 image 版本作为你的 baseimage。此处我们建议将 Alpine 而不是 CentOS 用作基础镜像，因为 Alpine 更小更强壮。或者也可以使用更优秀的基础镜像库，参见网址 https://github.com/phusion/baseimage-Docker。

RUN

为了保持 Dockerfile 的高可读、易于理解、方便维护的特性，建议将多条 RUN 命令用"/"符号连接起来。

apt-get 应该是大多数 Dockerfile 中都会定义的 RUN 命令。当使用 apt-get 命令时，有如下建议可参考。

- 不用将 RUN apt-get update 单独作为一条命令，如果关联包发生变化，则在执行 apt-get install 命令时，Docker 查找 cache 可能会有问题。

- 避免使用 RUN apt-get upgrade 或者 dis-upgrade 命令。因为很多外部的软件包在未经认证的情况下执行 upgrade 会失败。如果某些软件包过期了，那么应该联系软件包的维护者来确定是否需要升级。例如，确定了某个第三方软件包 foo 可以升级，则执行 apt-get install -y foo 命令便可以自动完成升级。具体命令推荐写成如下形式。

```
RUN apt-get update && apt-get install -y package-bar package-foo package-baz
```

CMD

CMD 命令可用来执行 image 中的所有应用程序。CMD 命令一般采用 CMD ["executable", "param1","param2"…]的格式来运行。因此，如果你的 image 是用来提供服务的，例如 Apache、Rails，你就应该执行命令 CMD ["apache2","-DFOREGROUND"]。

在其他的场景中，CMD 用来执行特定的 shell 命令，比如 bash、python、perl、CMD ["perl", "-de0"]、CMD ["python"]、CMD ["php","-a"]。执行 docker run -it python 命令就可以进入特定的 shell 中。

CMD 经常是配合 ENTRYPOINT 来使用的。除非用户非常了解 ENTRYPOINT 的特性，否则还是建议事先设定好 ENTRYPOINT 的属性。

EXPOSE

EXPOSE 命令定义了容器监听连接者的端口，因此我们应该为 image 定义一个比较通用的端口。比如，对于一个用来提供 Apache Web 服务的 image，应该用 expose 80 监听 80 端口对外服务，而提供 MongoDB 的 image 则应该监听 27017 端口对外提供服务。

对于一些外部访问，用户可以使用 docker run –p 命令来进行端口绑定。

ENV

为了保证应用程序可以顺利执行，我们可以通过 ENV 命令来更新 PATH 环境变量。比如，通过 ENV PATH /usr/local/nginx/bin:$PATH 可以确保 CMD ["nginx"]顺利执行。

ENV 命令还可以用来提供特定的环境变量，比如，我们可以自定义 Postgres 所需要的

PGDATA 变量。ENV 也可以用来定义一些版本信息，这样维护起来会更容易，示例如下。

```
ENV PG_MAJOR 9.3
ENV PG_VERSION 9.3.4
RUN curl -SL http://example.com/postgres-$PG_VERSION.tar.xz | tar -xJC /usr/src/
postgres && …
ENV PATH /usr/local/postgres-$PG_MAJOR/bin:$PATH
```

ADD 和 COPY

尽管 ADD 和 COPY 的用法和作用很相近，但 COPY 仍是首选建议。因为 COPY 相对于 ADD 而言功能更简单。下面我们就 ADD 和 COPY 适用的不同场景来分别说明。

COPY 仅提供向容器中复制本地文件的基本功能，但 ADD 还有额外的一些功能，比如支持拷贝 tar 包和 URL。因此，比较符合逻辑的使用 ADD 的方式是 ADD roots.tar.gz/。

如果你的 Dockerfile 中的每个命令之间需要使用不同的文件，那么建议使用 COPY，复制一部分文件而不是所有文件，代码如下。

```
COPY requirements.txt /tmp/
RUN pip install /tmp/requirements.txt
COPY . /tmp/
```

执行上面的命令，cache 中的数据将最大可能性地得到复用，比直接执行 COPY ./tmp/ 的效果要好得多。

因为考虑到 image 的尺寸问题，对于使用 ADD 从远程 URL 获取软件包这一操作还有一些争议，因此建议大家还是使用 curl 或 wget 下载远程软件包。这样一来，当软件包安装完毕后，可以选择将其删除，而不是将其留在数据层中。

如果想要使用 ADD URL 远程下载软件包，代码如下。

```
ADD http://example.com/big.tar.xz /usr/src/things/
RUN tar -xJf /usr/src/things/big.tar.xz -C /usr/src/things
RUN make -C /usr/src/things all
```

而使用 curl 和 wget 时，代码如下。

```
RUN mkdir -p /usr/src/things \
    && curl -SL http://example.com/big.tar.gz \
    | tar -xJC /usr/src/things \
    && make -C /usr/src/things all
```

对于文件或目录很多的场景，则应该使用 COPY。

ENTRYPOINT

ENTRYPOINT 最好的使用场景是设定 image 的主命令，允许 image 通过这个主命令来执行，使用 CMD 来设定参数。

比如设定 s3cmd 的示例如下。

```
ENTRYPOINT ["s3cmd"]
CMD ["--help"]
```

当我们执行 docker run s3cmd 或者 docker run s3cmd ls s3://mybucket 命令时，image 就可以执行。当 image 执行时，s3cmd 的 ls 命令也会同步执行，显示执行结果。

ENTERYPOINT 也可以将 help 命令作为参数脚本。例如，Postgres 官方 image 使用 ENTRYPOINT 的方式如下，通过 postgres 命令直接启动进程。

```
#!/bin/bash
set -e
if [ "$1" = 'postgres' ]; then
    chown -R postgres "$PGDATA"
    if [ -z "$(ls -A "$PGDATA")" ]; then
        gosu postgres initdb
    fi
    exec gosu postgres "$@"
fi
exec "$@"
```

将这个脚本复制到 image 里面，并且设定为 ENTRYPOINT，代码如下。

```
COPY ./Docker-entrypoint.sh /
ENTRYPOINT ["/Docker-entrypoint.sh"]
```

当执行 docker run postgres 时，就可以启动 image。如果执行 docker run postgres postgres –help，则会启动 Postgres，并且显示 reference。

当然，我们也可以启动一个 bash，命令是 docker run -it --rm postgres bash。

VOLUME

VOLUME 被用来导出数据库存储区域、配置文件存储区域，以及容器内部 App 创建的目录或文件。

USER

如果 App 运行时不需要 root 权限，则使用 USER 命令可以将当前镜像的执行用户变更为普通用户。要想创建一个普通用户，则可以使用 RUN groupadd -r postgres && useradd -r -g postgres postgres 这样的用户创建命令。

另外，我们应该避免使用 sudo 来安装软件包，因为在构建过程中，TTY 是无法使用的。如果在安装过程中需要使用 root 权限，就使用 gosu。

最后要强调，为了减少不必要的数据层和复杂度，要避免经常切换 USER 命令。

WORKDIR

为了保持执行过程的清晰，我们应该使用绝对路径来设定 WORKDIR。同样地，我们应该使用 WORKDIR 来替代 RUN cd .. && do-something。

修改 CentOS 内核

修改 CentOS 内核可以让存储驱动由 devicemapper 变成 overlayfs，这样可以让 Docker 的构建速度加快数十倍。

关于 Dockerfile 的内容还有很多，要想对 Dockerfile 进行代码审核和语法检查，可以参考网络上的资料。

最后要说一下，关于 Dockerfile 由谁负责编写，在哪里存放，一直是令互联网公司比较头疼的问题。从笔者的个人经验出发，会给出以下建议：基础镜像的 Dockerfile 由架构组和运维组负责编写，然后每个应用的 Dockerfile 由项目组的技术经理或高级研发人员负责编写，要将 Dockerfile 看成程序的组成部分，每一个 Dockerfile 也要经过审核，有条件的话最好在 CI 平台中对 Dockerfile 和编译出的 Docker 镜像进行自动化测试。强烈推荐将 Dockerfile 和应用代码一起存放在 Git 上，Dockerfile 一般都放在项目的根目录下。

这样一来，当 CI/CD 从 Gitlab 上下载代码并执行 mvn install 后，就可以立即在原目录下执行 docker build 命令了。然后用 docker pull 命令将编译好的镜像推送到仓库，便能实现流畅的交付流水线。

9.5 Docker 与日志

Docker 容器运行起来轻便快捷，但生命周期转瞬即逝，那么在这种情况下怎么收集容器日志，查看日志，分析日志呢？

行业内主流的容器日志收集方式通常有以下几种。

容器外收集

将宿主机的目录挂载为容器的日志目录，然后在宿主机上收集。

这是很多简单用法中收集容器日志的手段。但是如果容器迁移，对容器进行扩容就会面临巨大的挑战。比如其中一个常见挑战是，如果你把镜像的 Volume 卷轴挂载到宿主机磁盘，然后把日志写入该卷轴中，再用 Logstash 来读取，那么你就要考虑不同 Docker 容器之间的日志会不会彼此覆盖，不同 Docker 容器间的日志 ELK 该怎么区分。

一般来说，技术层面上用 Filebeat+Logstash 来收集日志，然后针对不同的容器，还要根据 Docker-gen 的 lab 动态生成配置模板，这样才能避免容器启动之后日志互相冲突。

容器内收集

可以在容器内运行一个后台日志收集服务。

比如在每一个容器里面安装一个 Logstash 进程，然后将日志写入 ELK。但是因为每个 Logstash 进程都会运行在宿主机上，这样一来会在宿主机上占用大量的机器资源，因此这是一个较大的弊端。

单独运行日志容器

可以单独运行一个 Sidekick 容器提供共享日志卷轴，在日志容器中收集日志。

这是比较常见的高阶用法，比如阿里巴巴的 log-pilot 框架就支持该用法。读者可以阅读网络上的资料进行深入了解。

具体做法是，在每台宿主机上运行一个 log-pilot 容器，然后给被监控的容器打上对应的标签，log-pilot 就能自动抓取该宿主机上所有的容器日志文件，并将其转发给 ELK 之类的日志分析工具。

比如我们可以用如下的 docker-compse 文件启动一个 ELK 和 log-pilot 集群。

```
version: '2'
services:
  elasticsearch:
    ports:
        - 9200:9200
    image: elasticsearch

  kibana:
    image: kibana
    ports:
        - 5601:5601
    environment:
      ELASTICSEARCH_URL: http://elasticsearch:9200/
    labels:
      aliyun.routing.port_5601: kibana
    links:
      - elasticsearch

  pilot:
    image: registry.cn-hangzhou.aliyuncs.com/acs-sample/log-pilot:latest
    privileged: true
    volumes:
      - /var/run/docker.sock:/var/run/docker.sock
      - /:/host
    environment:
      FLUENTD_OUTPUT: elasticsearch
      ELASTICSEARCH_HOST: elasticsearch
      ELASTICSEARCH_PORT: 9200
    links:
      - elasticsearch
```

然后用如下的 docker-compose 文件启动一个 WebApp，需要注意的是，我们要给该应用打上 log 日志文件的标签，其中 aliyun.logs.platform 标签用来标明日志存放的地址，aliyun.logs.platform.tags 用来给日志打上标签。

```
tomcat:
  image: maiyaph/maiyaph/mobile-server
  ports:
    - "8080:8080"
  restart: always
```

```
    volumes:
      - /usr/local/tomcat/tomcat_log
    labels:
      aliyun.logs.platform: /usr/local/tomcat/tomcat_log/mobile-server/platform.log
      aliyun.logs.platform.tags: "app=tomcat,stage=dev"
```

最后我们用如下的 shell 脚本快速启动上面编写的两个 docker-compose 配置文件。这样我们就能通过 http://localhost:5601 访问 Kibana，并看到 WebApp 日志了。

```
green(){
    echo -e "\033[0;32m$*\033[0m"
}

blue(){
    echo -e "\033[0;34m$*\033[0m"
}

blue "Cleanup"
docker-compose -p quickstart -f elk.yml down

blue "Starting elasticsearch+kibana+fluentd-pilot"
docker-compose -p quickstart -f elk.yml up -d

blue "\nCleanup"
docker-compose -p tomcat -f tomcat.yml down

blue "Starting tomcat"
docker-compose -p tomcat -f tomcat.yml up -d

echo
green "Start successfully!"
echo
```

网络收集

网络收集是指容器内的应用自己将日志发送到日志中心并进行收集的方式，比如 Java 程序可以使用 log4j2 转换日志格式并用 TCP 连接主动发送到远端。因为这种方式消耗的网络成本比较高，因此不常用。

通过修改 Docker 的 --log-driver 参数收集

可以利用不同的 driver 将日志输出到不同地方，比如将 --log-driver 设置为 syslog、fluentd、splunk 等日志收集服务，可以发送到远端。比如直接用 stdout 输出，或用 LogDriver 转发到一台指定服务器。

从 Docker 1.8 版本起，Docker 便内置了 fluentd 的日志驱动，Docker 默认的日志驱动是 json-driver，将日志以 JSON 文件的方式存储。

使用如下命令就可以查看自己安装的 Docker 环境是否支持该功能。

```
#docker info |grep 'Logging Driver'
Logging Driver: json-file
```

Docker 支持的日志驱动具体来说有以下几种，详情请参考 Docker 官网。表 9-1 中的内容摘自 Docker 官网，展示了各种驱动类型及其简要描述。

表 9-1 各种驱动类型

驱动类型	描述
none	不会返回任何日志输出
json-file	将日志以 JSON 格式输出，这是 Docker 的默认日志驱动
syslog	将日志写到 syslog 设备上，这个 syslog 守护进程必须运行在宿主机上
journald	将日志写入 Journald 日志系统，Journald 守护进程同样必须运行在宿主机上
gelf	将日志写入 GELF 格式的接入点，比如 Graylog 或者 Logstash
fluentd	将日志输出到 Fluentd 上，Fluentd 守护进程必须运行在宿主机上
awslogs	将日志输出到 Amazon 的 CloudWatch 日志上
splunk	将日志用 HTTP 事件搜集器写入 Splunk 中
etwlogs	将日志写入 ETW 事件，注意，仅支持 Windows 操作系统
gcplogs	将日志写入 Google 云计算平台日志中
nats	将日志写入 NATS 服务器

在此种情况下，容器输出到控制台的日志都会以 *-json.log 的命名方式被保存在 /var/lib/docker/containers/ 目录下。

9.6 Docker 与监控

除网络、服务治理和日志外，Docker 的监控也是一个十分令人头疼的问题。Docker 容器本身对宿主机而言只是一个个的进程，传统的运维手段对于这种进程级的监控如何做到自发现、自管理呢？这是一件比较困难的事情。

下面简单介绍一下行业内主流的集中 Docker 监控手段。

在每个容器中安装一个 Zabbix Agent

通过在每个容器中安装 Zabbix Agent，可以让该容器变成一个类似的虚拟机，直接连接 Zabbix。但是这样做会在宿主机上启动多个 Zabbix Agent，降低宿主机的性能，同时也违反了 Docker 容器单一职责的设计原则。

在 Zabbix Agent 里调用一些 Python 脚本访问 Docker Daemon

在每一台宿主机上运行一个 Python 插件，用这个插件监控所有的 Docker 容器，然后这个插件会将监控结果通过 Zabbix Agent 回报给 Zabbix Server，Zabbix 与 Python 监控架构如图 9-4 所示。

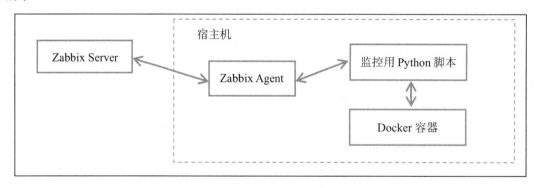

图 9-4　Zabbix 与 Python 监控架构

在具体落地时，首先我们可以在/etc/zabbix/script 下新建 docker_discovery.py 文件，代码如下。

```
#!/usr/bin/env python
import docker
import sys
import subprocess
```

```python
import os
import json
def check_container_stats(container_name,collect_item):
    #docker_client = docker_client.containers.get(container_name)
    container_collect=docker_client.containers.get(container_name).stats(stream=True)
    old_result=json.loads(container_collect.next())
    new_result=json.loads(container_collect.next())
    container_collect.close()
    if collect_item == 'cpu_total_usage':
        result=new_result['cpu_stats']['cpu_usage']['total_usage'] - old_result['cpu_stats']['cpu_usage']['total_usage']
    elif collect_item == 'cpu_system_usage':
        result=new_result['cpu_stats']['system_cpu_usage'] - old_result['cpu_stats']['system_cpu_usage']
    elif collect_item == 'cpu_percent':
        cpu_total_usage=new_result['cpu_stats']['cpu_usage']['total_usage'] - old_result['cpu_stats']['cpu_usage']['total_usage']
        cpu_system_uasge=new_result['cpu_stats']['system_cpu_usage'] - old_result['cpu_stats']['system_cpu_usage']
        cpu_num=len(old_result['cpu_stats']['cpu_usage']['percpu_usage'])
        result=round((float(cpu_total_usage)/float(cpu_system_uasge))*cpu_num*100.0,2)
    elif collect_item == 'mem_usage':
        result=new_result['memory_stats']['usage']
    elif collect_item == 'mem_limit':
        result=new_result['memory_stats']['limit']
    elif collect_item == 'network_rx_bytes':
        result=new_result['networks']['eth0']['rx_bytes']
    elif collect_item == 'network_tx_bytes':
        result=new_result['networks']['eth0']['tx_bytes']
    elif collect_item == 'mem_percent':
        mem_usage=new_result['memory_stats']['usage']
        mem_limit=new_result['memory_stats']['limit']
        result=round(float(mem_usage)/float(mem_limit)*100.0,2)
    return result
if __name__ == "__main__":
    docker_client = docker.dockerClient(base_url='unix://var/run/docker.sock', version='1.27')
    container_name=sys.argv[1]
    collect_item=sys.argv[2]
    print check_container_stats(container_name,collect_item)
```

执行上面的脚本时需要先安装模块,这需要赋予 Zabbix 执行权限,代码如下。

```
pip install simplejson
chmod 757 docker_discovery.py
chown zabbix:zabbix /etx/zabbix/script -R
```

赋予 Zabbix 执行权限之后,按照如下方式编辑/etc/sudoers,让 Agent 可以执行该 Python 插件。

```
Zabbix ALL=(root)
NOPASSWD:/usr/bin/docker,/usr/bin/python,/etc/zabbix/script/docker_discovery.py
```

如下面的代码所示,我们要在配置文件中添加 Python 脚本地址,配置文件位于/etc/zabbix/zabbix_agentd.d/里面。

```
cat docker_discovery.conf
UserParameter=docker_discovery,python /etc/zabbix/script/docker_discovery.py
```

经过上面的步骤后,在服务器端执行如下的 zabbix-get 命令,这样便可以测试脚本的运行情况了。

```
[root@ubuntu ~]# zabbix_get -s 192.168.72.131 -k docker_discovery
{
    "data":[
        {
            "{#CONTAINERNAME}":"happy_banach"
        }
    ]
}
```

如果看到 happy_banach 显示,即表明该脚本测试成功。然后我们就可以如图 9-5 所示在 Zabbix 中添加模板了。

第 9 章 Docker 与 DevOps　179

图 9-5　在 Zabbix 中添加模板

当模板添加好之后，我们就能从 Zabbix 中查看监控结果了，如图 9-6 所示。

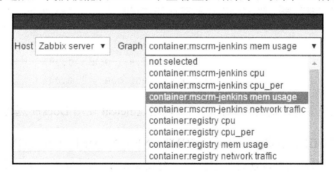

图 9-6　在 Zabbix 中查看监控结果

抛开 Zabbix，使用 Docker 原生的监控工具

当然，我们也可以不用 Zabbix，直接用 Docker 原生的监控方案。但是，这样做引发的问题是，如果系统架构中有 Docker 容器和非 Docker 应用，那就必须同时维护两个不同环境的运维监控工具，同时也会割裂两套环境，给运维徒增压力。下面我们就具体介绍几种常见的 Docker 原生的监控方法。

1. Prometheus

著名的 Prometheus 是一个开源的实现监控功能的系统和服务,它来源于 SoundCloud 针对 StatsD 和 Graphite 所提供的改善监控系统。Prometheus 能够按照给定的时间间隔收集配置目标的指标,执行规则表达式,展示结果,如果某些条件判断结果为真的话,将会触发告警。Prometheus GitHub 仓库的 README.md 里提到,它与其他监控系统的主要区别特性在于多维的数据模型,Prometheus 可以借助这种多维性所提供的灵活查询语言支持多种模式的图形和仪表盘,并且支持垂直和水平的组合。通过一个 docker-compose 配置文件就能建立全功能的 Prometheus 监控环境,这个文件可以在 Christner 的 GitHub 账号上找到。

2. docker stats 命令

这是 Docker 自带的用来检查容器资源消耗情况的基本命令行工具。想要查看容器的统计信息,只需要运行 docker stats [CONTAINER_NAME]就可以了,我们还可以看到每个容器的 CPU 利用率、内存的使用量,以及可用的内存总量。

需要注意的是,如果没有限制容器内存,那么执行该命令将显示主机的内存总量,但并不意味着每个容器都能访问那么多的内存。另外,执行如下命令可以看到容器通过网络发送和接收的数据总量。

```
$ docker stats determined_shockley determined_wozniak prickly_hypatia
CONTAINER            CPU %     MEM USAGE/LIMIT      MEM %     NET I/O
determined_shockley  0.00%     884 KiB/1.961 GiB    0.04%     648 B/648 B
determined_wozniak   0.00%     1.723 MiB/1.961 GiB  0.09%     1.266 KiB/648 B
prickly_hypatia      0.00%     740 KiB/1.961 GiB    0.04%     1.89
```

如果想要看到更为详细的容器属性,还可以通过 netcat 使用 Docker 远程 API 来查看。

发送一个 HTTP GET 请求/containers/[CONTAINER_NAME](其中 CONTAINER_NAME 是想要统计的容器名称),便可以从这里看到一个容器 stats 请求的完整响应信息(在上述例子中,我们看到了缓存、交换空间以及内存的详细信息),这其实也是很多开源监控工具的底层实现机制之一。

3. cAdvisor

cAdvisor 是由 Google 公司发布的,它为容器用户提供了了解运行时容器资源使用情况和性能特征的方法。

cAdvisor 的容器基于 Google 的 lmctfy 容器栈抽象建模，因此原生支持 Docker 容器并能够"开箱即用"地支持其他非 Docker 的容器类型。cAdvisor 被部署为一个运行中的 Daemon，负责收集、聚集、处理、导出运行中容器的信息。这些信息中包含容器级别的资源隔离参数、资源的历史使用状况、反映资源使用和网络统计数据历史状况的柱状图。

cAdvisor 能够与 InfluxDB 和 Grafana 联合起来使用，它们分别是时间序列（time series）的数据库和指标的仪表盘（metrics dashboard），cAdvisor 借助它们来存储和展示信息。Christner 还写过一篇关于"如何搭建 Docker 监控"的博客文章，并创建了与该监控模式关联的 docker-compose 配置文件，该配置文件通过一个简单的 docker-compose up 命令就能创建使用 cAdvisor、InfluxDB 和 Grafana 的监控环境。

虽然我们可以使用 docker stats 命令和远程 API 来获取容器的状态信息，但是如果想要在图形界面中直接查看这些信息，那就需要使用 cAdvisor 这类的工具了。

cAdvisor 提供了基于 docker stats 命令所显示的数据可视化界面。在浏览器里访问 http://<your-hostname>:8080/，就可以看到 cAdvisor 的界面。在这个界面中，我们将看到 CPU 的使用率、内存使用率、网络吞吐量以及磁盘空间利用率。然后，我们可以通过点击网页顶部的 Docker Containers 链接，选择某个容器来详细了解它的使用情况。

执行下面的命令，我们就能快捷启动 cAdvisor 监控工具。

```
docker run                                      \
--volume=/:/rootfs:ro                           \
--volume=/var/run/:/var/run:rw                  \
--volume=/sys:/sys:ro                           \
--volume=/var/lib/docker/:/var/lib/docker:ro    \
--publish=8080:8080                             \
--detach=true                                   \
--name=cadvisor                                 \
google/cadvisor:latest
```

成功启动之后，就能在 cAdvisor 中查看监控信息，如图 9-7 所示。

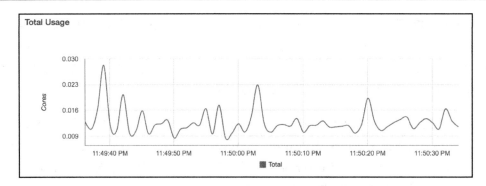

图 9-7 在 cAdvisor 中查看监控信息

cAdvisor 是一个易于设置并且非常有用的工具，不要求通过 SSH 工具远程登录到服务器便能查看资源消耗，而且还能生成图表。此外，当集群需要额外的资源时，压力表（pressure gauges）提供了快速预览功能。与其他工具不一样的是，cAdvisor 是免费使用的，并且还是开源的，另外，它的资源消耗也比较低。

但是，cAdvisor 有它的局限性，它只能监控一个 Docker 主机，因此，如果要监控多节点的 Docker 集群，那就比较麻烦了，必须在所有主机上安装 cAdvisor，这肯定会带来很多不便。

值得注意的是，如果使用的是 Kubernetes，则可以使用 Heapster 来监控多节点集群。另外，只能通过移动窗口查看时长一分钟的数据信息，并没有方法查看长期趋势，也没有针对资源使用率的警告机制。如果你只是想简单地在 Docker 节点上进行可视化的监控管理，那么 cAdvisor 是一个带你步入容器监控领域的不错的选择。然而如果你打算监控 Docker 集群中的资源消耗情况并且想要获得提前预警的话，使用 cAdvisor 就显得有点力不从心了。

将 Docker 容器的监控整合到传统的 Zabbix 中

最后，笔者再推荐一种办法：利用一些助手容器（如 Sidekick），我们可以将 Docker 容器的监控无缝整合到现有的物理监控的 Zabbix 中。这种做法尤其适合那些只将部分应用逐渐 Docker 化的公司，具体做法会在本书的第 12 章里介绍。

9.7 Docker 与 CI/CD

常规的 CI/CD 指的是代码的持续集成和持续交付。落地在具体实现层面一般是指，用 Git 进行代码的持续提交，提交之后用 Sonar 进行代码的持续检查，通过 Jenkins 实现代码的日编译，日编译之后打包成 war 包推送到构件仓库，然后由 SaltStack 之类的自动化部署工具进行发布。

对于 Docker 而言，Docker 下的 CI/CD 基本上和上述过程类似，不同之处主要有以下两点。

- Docker 下持续集成的结果不是生成 war 包，而是生成 Docker 镜像，Docker 下持续交付的目标物也是 Docker 镜像。所以对 Docker 镜像进行管理在 CI/CD 中具有非常重要的意义。
- Docker 因为具有轻量级、能够快速部署的特性，所以非常适合用来一键式从头到尾启动一整套环境。在传统分布式架构下，一键式启动一整套环境根本是不可能的，所以传统模式下的持续交付只是在同一个环境下针对不同 war 包进行的版本升级而已。而对于 Docker，只要编排得当，完全可以一键式启动一套环境，发布一整串关联镜像。

将 Docker 环境下 CI/CD 的目标具体化，可以用以下公式来概括：

Docker 下的 CI/CD＝多租户＋多环境＋快速构建＋快速部署

为了将上述过程落地，我们需要以 Docker 容器为载体打通构建、部署、运维三个阶段，Docker 下 CI/CD 的基本流程如图 9-8。

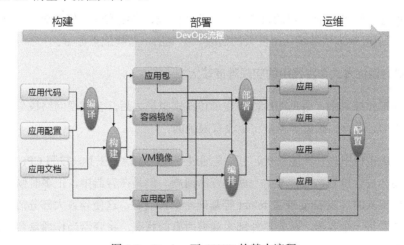

图 9-8　Docker 下 CI/CD 的基本流程

图 9-8 所示的流程有五个核心部分，具体如下。

- 编辑：编译代码并装入指定的配置文件，生成如 war 包一类的发布单元。
- 构建：用 Jenkins 来编译源码，打包生成 Docker 镜像。
- 编排：根据编排策略，动态扩容和扩展各个服务节点。

- 部署：根据服务启动顺序和拓扑图，在指定机器上部署指定服务。
- 配置：将配置和代码分离，令容器与配置无关，达到容器"编译一次，到处运行"的效果。

那么，上面的流程具体该如何落地呢？

一般的小公司、小团队可以直接使用 Jenkins + Dockerfile + shell + docker-compose 的方式实现，本书的 4.2.3 节曾介绍过。

更大一点的公司完全可以自己开发，自己做资源管理、容器管理、容器分配。

如果是中小型企业，没有专业的研发团队，但是也想快速搭建一个较为复杂的平台，笔者建议选用 Rancher，而不是自己制造轮子，具体的做法会在第 12 章中介绍。

9.8　Docker 给运维团队带来的挑战

如前文所述，Docker 有自己的日志实现、监控实现、网络实现，但是对于运维团队而言，对 Docker 容器进行管理依然是一个巨大的挑战，主要的一些挑战点如下。

VM 级别的调优方式在容器中的实现难度较大

在传统虚拟化技术中，所见即所得，登录传统虚拟机之后，会发现网络栈是完整暴露在我们面前的，CPU、内存、磁盘等也是完全没有限制的。

在传统的虚拟机中进行性能调优，主要是通过一些性能检查工具，按照 CPU、内存、网络、磁盘的顺序逐个进行检查，这样基本上就能查清问题。但是在容器中，很多时候都是默认不自带诊断、调优工具的，连 ping 或者 telnet 等基础命令都没有，这便导致大部分情况下我们需要以黑盒的方式看待一个容器，从容器外部来观察所有的状况。将容器当作黑盒会导致很多问题难以被快速发现，排查问题就变得很难了。

容器化后部署结构的复杂导致排查问题的成本变高

容器为我们带来了很多"酷炫"的功能和技术，比如故障自动恢复、弹性伸缩、跨主机调度等，但是这一切的代价是，我们必须依赖容器化的架构，比如在 Kubernetes 网络中要选用 Flannel 模式构建 OverLay 网络，这样的 OverLay 网络不同于物理网络，出现问题将会很难排查。

例如，以前网络不通时，只要从网络入口按照拓扑图逐个对设备使用 ping 命令调查下去，就能发现哪个节点出现了故障。但是现在用了 OverLay 网络之后，网络不通可能是 flanneld 守护进程或者 etcd 存储的问题。以前应用无法正常执行时通常直接查看日志，而现在应用通过 Kubernetes 容器策略自动拉起，我们也许根本不知道容器现在的状态。

不完整隔离带来的调优复杂性

容器技术本质上是一种虚拟化技术，提到虚拟化技术就必须提到隔离，虽然我们平时并不需要考虑隔离的安全性问题，但是当要进行性能调优的时候，我们发现内核的共享使我们不得不面对一个更复杂的场景。

举个例子来说，由于内核的共享，系统的 proc 是以只读的方式进行挂载的，这就意味着系统内核参数的调整会带来宿主机级别的变更。

在性能调优领域，经常有人提到 C10K 或者 C100K 等类似的问题，这些问题难免涉及内核参数的调整，但是场景越特定，调优的参数越不同，有时会有"彼之蜜糖，我之毒药"的效果，因此同一个节点上的不同容器会呈现非常不同的状态。所以在这种场景下，我们的建议一般是，宿主机的第一层用 VMware 或 KVM 虚拟机，虚拟机上的第二层用 Docker 容器。正是因为 Docker 的隔离性不好，所以第一层虚拟机的隔离尤其重要，只有避免不完整隔离才能降低调优复杂性。

第 10 章 容器编排

10.1 容器编排概述

前面提到，容器是一组运行在 Linux 操作系统上并使用 Namespace 进行隔离的进程，有了容器便无须启动和维护虚拟机。与虚拟机技术相比，容器技术的最大不同之处在于其打包格式和可移植性。构建容器的目的在于减少现代基础设施的占用空间和启动时间，提供重用性，更好地利用服务器资源，并更好地在持续集成和持续交付的过程中进行应用集成。

而在微服务环境下，若要实现成百上千种不同容器之间的依赖和调用，就需要用到容器编排引擎。

容器编排过程包含如下一系列任务。

- 调度：包括部署、复制、扩展、复活、重新调度、升级、降级等。
- 资源管理：管理内存、CPU、存储空间、端口、IP 地址、镜像等。
- 服务管理：使用标签、分组、命名空间、负载均衡和准备就绪检查将多个容器编排在一起。

对于微服务的编排，市场上存在着大量容器及相应的云服务可用。容器技术和编排引擎通常是结合在一起使用的。云端提供的服务被称为 CaaS（容器即服务），在 CaaS 环境下，用户只为他们所使用的资源付费，例如计算实例、负载均衡和调度能力。

Kubernetes 是一款被社区大力支持的容器编排引擎。该项目最早由 Google 开源发布，现在 Kubernetes 的贡献者还来自于 Red Hat、CoreOS、Mesosphere 等软件厂商。这些贡献者实现了

Kubernetes 对多种不同容器的支持，其中包括 Docker（当前使用最为广泛的容器技术）和 CoreOS 的 rkt（发音同 "rocket"）。Google Container Engine（基于 Kubernetes）和 Red Hat 的开源 PaaS 产品 OpenShift（基于 Kubernetes，用于混合云部署）是广为人知的两个 Kubernetes 产品，其中后者在 Kubernetes 上添加了一些有用的特性，包括改进了 Web 用户接口，无须了解底层容器或 Docker 子系统就能实现 "从源码到部署" 的自动化系统。

Amazon ECS 是一个公共 CaaS，用于管理 Docker 镜像（可存储在共生的 ECS Registry 中）、运行 Docker 容器（ECS Runtime 服务），以及实现容器实例的调度、编排、监控（AWS CloudWatch 服务）。这些服务还可以与其他的 AWS 服务整合，例如 Elastic Load Balancer（AWS ELB）和 Identity and Access Management（AWS IAM）。此外，为了能够在 AWS Simplified Workflow 服务中使用 Docker CLI 命令（例如 push、pull、list、tag 等），该服务也与 AWS ECS 紧密集成。

还有一些云服务提供商提供了基于 Docker 的 CaaS 云产品。Microsoft Azure 容器服务（ACS）可与 Docker Swarm 或是基于 Mesos 的 DC/OS 一起工作，共同构成容器编排引擎。Rancher Labs 提供的 Rancher 平台也支持 Docker Swarm、Kubernetes 和 Apache Mesos。需要注意的是，用户必须首先创建服务实例（例如 AWS EC2）才能部署容器，这也是绝大多数 CaaS 的共同特点。用户并非为运行自己的 CaaS 容器实例付费，而是为运行容器的服务实例付费。如果想要采用为容器实例计费的方式，用户需要使用 "无服务架构"。Docker 公司也提供了 Docker 云服务，其中包括部署和管理 Docker 应用的 Docker Cloud，以及在企业软件供应链中集成 Docker 的 Docker Datacenter。

Mesos 运行于编排层（Swarm、Kubernetes 等）之下，是一种辅助性工具，在设计上 "仅需" 实现 Mesos 架构的接口就可以运行多种大规模、多用途的集群。Mesos 支持多种架构，例如通过 Marathon 支持 Docker 和 rkt 容器技术、通过 Chronos 调度框架支持批处理技术，以及 Apache Hadoop、Apache Spark、Apache Kafka 这类大数据解决方案。作为 Apache Mesos 的主要贡献者，Mesosphere 公司还提供了一个名为 DC/OS 的开源软件。DC/OS 基于 Mesos 构建，两者间的关系类似于 Apache Hadoop 与其发布版 Cloudera 或 Hortonworks 间的关系。DC/OS 是一种运行于私有云和共有云架构上的 "分布式操作系统"，它可以对机器集群的资源进行抽象，进而提供通用的服务，因此被用作集群资源的协调器。

Flockport 是由美国的一个初创企业研发的类似 Docker 的容器产品，它的核心业务在于构建基于 LXC 容器的 App 商店，使用户可以在任何服务器、云以及服务提供平台上，以秒级速度部署容器。Flockport 的优势在于简单易用，即侧重于如何使服务运行起来，目标在于为用户提供可移植的实例和工作负载，这些实例和负载将具有与云端一样的灵活性，易于在服务器间进行迁移。

DigitalOcean 是一个云架构提供商，它可以让开发人员通过在全局云数据中心上创建所谓的 Droplet（工作单元）来借助块存储和联网特性构建并部署微服务。Droplet 可以是一个操作系统镜像的实例，也可以是一个 Docker 容器应用。DigitalOcean 还为 Droplet 解决了资源分配、监控以及其他与平台相关的问题。Droplet 可以与多种编排工具集成，例如 Docker Swarm、Kubernetes、Apache Mesos 和 Dokku（一种基于 Docker 的微型 Heroku PaaS 产品）等，因此相比于 AWS EC2，DigitalOcean 更像是一种 IaaS，侧重于微服务集群部署和运行的易用性。

Microsoft Azure Service Fabric 是一个微服务框架和容器编排引擎，它并非完全依赖 Microsoft Azure，也可以用于企业内部或云端。Service Fabric 借助 Docker 实现了 Linux 和 Windows 系统上的容器管理，支持多种编程语言，例如 C#、Java、Powershell 等。未来该产品有望支持更多 Docker 之外的容器技术以及编程语言。

最近出现了一个无服务器的容器架构概念 Serverless。该架构的主要目的是使对付费资源的利用率达到百分之百。在该架构中，用户只需要为函数调用付费（可参见 AWS Lambda、Google Cloud Functions、Microsoft Azure Functions 等）。与 CaaS 产品的不同之处在于，Serverless 无须用户亲自管理底层操作系统实例（运行、扩展、使用和付费等操作），但是 Serverless 产品通常仅支持有限的几种编程语言的函数调用，例如 Java 和 Python。IBM OpenWhisk 和 Funktion（分别由 Red Hat 和 JBoss 所支持）是两个无服务器架构的开源产品，它们与软件厂商无关，通过支持 Docker 容器实现了无服务器的容器架构模式。OpenWhisk 正在成为一个"真正的"产品，而 Funktion 目前只是一个小型框架，近期更新较少。在不久的将来，大型云服务提供商很有可能会直接对用户提供基于 Docker 的 Serverless 容器。

正如你所看到的，当前市面上已经有很多种可用的容器打包与编排技术、框架以及云服务，上面提到的这些并不能涵盖全部，仍然有新的技术在不断地涌现。

从开发人员的角度，我们可以得出一个重要结论：不要聚焦于后台为容器开发代码，而应该将注意力放在业务逻辑上，采用与软件厂商无关的方式实现自己的微服务架构。

我们要避免曾在 J2EE/Java EE 上所犯的错误。彼时虽然所有的软件厂商都采用同一标准规范，但是他们仍然在所谓的"标准实现"中提供了与特定厂商相关的特性和"附加值"，这导致将应用迁移到另一个 Java EE 应用服务器时需要做大量的工作（重开发、测试等）。这样一来，很容易发生花费大量的时间成本进行代码迁移，最后却导致项目功亏一篑的情况。

应注意的是，上面所讨论的技术和工具可以放在一起使用。各种技术和工具之间通常是互补的，并没有必要去一争高低。

例如，在 Kubernetes 集群中，可以同时使用 Docker 或 rkt 等容器技术去管理 Pod。另外，Apache Mesos 可管理不同集群，其中包括基本的 Docker Swarm 集群、Kubernetes 集群，以及使用了 Apache Hadoop 或 Apache Spark 的大数据集群。不要小看这个特性！举个例子来说，Apache Hadoop 将提供对 Docker 的支持，用于实现在 Hadoop 容器中部署 Apache Kafka 或是 Apache Spark 等独立组件。

总而言之，无论选用何种技术框架开发业务逻辑，都应该做到：一次开发，就能在各种容器、测试环境或云服务提供商平台中部署，无须重新开发，更不需要改变已选用的技术。

10.2 容器编排技术选型

对于常见的容器编排三大主流框架，本节我们将对它们一一进行介绍。。

10.2.1 Docker Swarm

基础架构

Docker Engine 1.12 附带了 Native Orchestration 功能，它可以看成 Docker Swarm 的升级版。

Docker Swarm 由一组节点（Docker Engine/Daemon）组成，它们既可以是管理节点也可以是工作节点。

工作节点负责运行已启动的容器，管理节点负责维护集群状态。我们可以通过集群的多个管理节点获得高可用性，但建议不要超过七个。节点集群通过使用 RAFT 算法的内部实现来使节点之间的数据保持一致。与所有共识算法一样，拥有更多管理节点也会有性能麻烦。

管理节点在内部保持一致就意味着，Docker 本地编排没有外部依赖性，这使得集群管理变得更加容易。

可用性

Docker Swarm 和 Docker 中原生的技术概念以及技术术语是一致且相关联的。如果你了解 Docker 原生的基本概念，学习 Docker Swarm 是相当简单的。

如果将 Docker 运行在你想要加入的集群的各个节点上，只需要在一个节点上调用 Docker

Swarm init,并且在你想添加的任何其他节点上调用 Docker Swarm join 即可。你还可以直接在 Docker Swarm 上使用与单 Docker 节点相同的 Docker Compose 模板和 Docker 命令。

功能特点

Docker Swarm 使用与 Docker Compose 相同的语法来组织容器业务流程编排。我们可以连接服务,创建卷轴定义公开端口。需要注意的是,Docker Swarm 中有两个不同于原生 Docker 的新概念:服务和网络。

所谓的服务,是一组在节点上启动的容器,并且其中一定数量的容器始终处于运行状态。如果某个容器死亡,它将会自动重启。服务有两种类型:复制服务或全局服务。复制服务在集群中维护指定数量的容器,全局服务在每个群集节点上运行容器的一个实例。

我们可以使用下面的显示命令来创建复制服务。

```
docker service create            \
  -name frontend                 \
  -replicas 5                    \
  -network my-network            \
  -p 80:80/tcp nginx:latest.
```

我们可以使用 Docker 网络创建驱动程序覆盖 NETWORK_NAME 来创建命名网络。使用指定的网络,我们可以在整套节点上创建隔离的、平坦的、加密的虚拟网络,以启动容器。

我们也可以使用约束和标签来进行一些非常基本的容器调度。使用约束条件,我们可以向服务中添加关联,并尝试仅在具有指定标签的节点上启动容器。如下面的代码所示,我们可以通过 constraint engine.labels.cloud 和 constraint node.role 标签指定当前容器的角色和运行主机。

```
docker service create                        \
  -name frontend                             \
  -replicas 5                                \
  -network my-network                        \
  --constraint engine.labels.cloud==aws      \
  --constraint node.role==manager            \
  -p 80:80/tcp nginx:latest.
```

此外,我们可以设置 CPU 和内存标签来定义每个服务容器使用的资源,以便在群集上启动多个服务时可以在一台服务器上合理部署更多的容器,最大限度减少资源争用。

可以使用下面的命令执行基本的滚动部署,更新服务的容器镜像。该命令不支持健康检查和自动回滚。

```
docker service update          \
  -name frontend               \
  -replicas 5                  \
  -network my-network          \
  --update-delay 10s           \
  --update-parallelism 2       \
  -p 80:80/tcp nginx:other-version.
```

注意上面代码中的 update-parallelism 参数，设置为 2 表示每次并行更新两个容器，update-delay 表示每组容器启动之间的时间间隔，此处为 10 秒。

Docker 使用磁盘卷轴驱动程序支持持久性外部卷轴，而 Docker Swarm 支持选装这些扩展命令。比如，将以下代码片段添加到上面的命令中便可在容器中安装 NFS。

```
--mount type=volume,src=/path/on/host,volume-driver=local,\
  dst=/path/in/container,volume-opt=type=nfs,\
  volume-opt=device=192.168.1.1:/your/nfs/path
```

10.2.2　Kubernetes

基础架构

从概念上讲，Kubernetes 与 Swarm 有些相似，因为它使用 RAFT 的管理（主）节点来达成共识。

Kubernetes 需要实现一个外部的 etcd 集群用来管理分布式配置。此外，Kubernetes 还需要借助外部的网络插件实现网络架构，可以是 OverLay 网络，如 Flannel 等。

当完成 etcd 和网络插件的安装之后，就可以在主节点上以 Kubernetes 命令来运行启动 Kubernetes 主组件、API 服务器、控制器管理器和调度程序了。此外，还需要在每个工作节点上运行 Kubelet 和 kube-proxy。工作节点一般只运行 Kubelet 和 kube-proxy 以及网络层提供程序（如 flanneld）。

主服务器上的调度程序负责分配和平衡资源，有助于将容器自动运行在具有最多可用资源的工作节点上。工作节点上的 kubectl CLI 是一个 API 控制器，它将负责和集群管理节点之间的管理指令进行通信。工作节点上的 kube-proxy 用于为 Kubernetes 中定义的服务提供负载均衡和高可用性策略。

可用性

从头开始设置 Kubernetes 是一项工作量不小的工作,因为我们需要设置 etcd、网络插件、DNS 服务器和证书颁发机构。当然也可以选择通过 Rancher 这种容器云平台工具一键式地安装和部署,具体过程参见本书第 12 章。

除了初始设置比较复杂,Kubernetes 的学习曲线也相对陡峭,因为 Kubernetes 中有许多陌生的术语和概念,如使用 Pod、Deployment、Replication Controller、Service、Daemon 集等资源类型来定义部署。这些概念不是 Docker 的一部分,因此在开始创建第一个部署之前,我们需要熟悉它们。

另外,Kubernetes 中的一些术语与 Docker 冲突。例如,Kubernetes 服务不是 Docker 服务,在概念上也不同,Docker 服务更贴近 Kubernetes 世界中的部署单元。除此之外还包括,我们使用 kubectl 而不是 Docker CLI 与集群进行交互,并且必须使用 Kubernetes 配置文件而不是 Docker 原生配置。

Kubernetes 拥有独立于核心 Docker 的一组详细的概念,这本身并不是一件坏事,因为如此一来 Kubernetes 便提供了比核心 Docker 更丰富的功能集。

功能特点

因为篇幅有限,本节只介绍一些 Kubernetes 的基本功能特点,具体如下。

首先,Kubernetes 中缩放的基本单位是 Pod,而不是单个容器。每个 Pod 可以是一个容器,也可以是一组容器,它们始终在同一个物理节点上运行,共享相同的卷轴并分配同一个虚拟 IP 地址对外提供服务,以便调用方在群集中对该 Pod 进行寻址。单个 Kubernetes 的配置文件如下。

```
kind: pod
metadata:
  name: mywebservice
spec:
  containers:
  - name: web-1-10
    image: nginx:1.10
    ports:
    - containerPort: 80
```

Kubernetes 支持使用 HTTP 或 TCP 接口以及简单的 exec 命令来对容器进行健康检查。部署还支持使用运行状况检查自动回滚的滚动部署,以确定每个 Pod 的部署是否成功。Kubernetes

还支持根据部署策略同时部署多少个实例。比如下面的代码，replicas 标签就代表部署的实例个数。

```
kind: Deployment
metadata:
  name: mywebservice-deployment
spec:
  replicas: 2 # We want two pods for this deployment
  template:
    metadata:
      labels:
        app: mywebservice
    spec:
      containers:
      - name: web-1-10
        image: nginx:1.10
        ports:
        - containerPort: 80
```

除基本服务外，Kubernetes 还支持 Job（作业）、Scheduled 和 PetSet。

有些场景下需要运行一些容器来执行某种特定的任务，任务一旦执行完成，容器就没有存在的必要了。在这样的场景下，创建 Pod 就显得不那么合适了。于是就有了 Job，Job 指的就是那些一次性任务。通过 Job 运行一个容器，当其执行完任务以后，就自动退出，集群也不会再将其唤醒。

Kubernetes 为基本服务提供的另一个扩展是 PetSet。PetSet 可以支持通常情况下非常难以 Docker 化的有状态服务工作负载，包括数据库和实时连接的应用程序。PetSet 为集合中的每个"Pet"提供了稳定的主机名称。例如，Pet5 将独立于 Pet3 进行寻址，如果 Pet3 容器死亡，它将在具有相同索引和主机名的新主机上重新启动。

PetSet 还提供了使用持久磁盘卷轴稳定存储的功能，即如果 Pet1 死亡并在另一个节点上重新启动，它将使用原始数据重新安装卷轴。此外，即使在不同的主机上启动，也可以使用 NFS 或其他网络文件系统在容器之间共享卷轴。这样一来便解决了从单主机到分布式环境过渡期间最棘手的问题之一。

10.2.3 Marathon

基础架构

大规模集群的另一个常见编排设置是在 Apache Mesos 之上运行 Marathon。Mesos 是一个开源的集群管理系统，支持多种工作负载。Mesos 由集群中每个主机上运行的 Mesos 代理组成，主机会将其可用资源报告给主集群。Mesos 集群之间的一致性由 ZooKeeper 集群进行协调。在任何给定时间，集群会选举出一个主节点作为主控节点。主节点可以向任何 Mesos 代理发布任务，并报告这些任务的状态。

可用性

与 Swarm 相比，Marathon 的学习曲线相当陡峭，因为其中涉及的概念和术语十分与众不同。然而，Marathon 又不如 Kubernetes 功能丰富，因此总体上学习价值低于 Kubernetes。

管理 Marathon 的一个主要复杂性源于它需要运行在 Mesos 之上，因此我们需要同时操作这两个软件。此外，Marathon 中一些更高级的功能（如负载均衡）仅支持在 Marathon 上运行，比如只有在 DC/OS 之上运行 Marathon 时才能使用身份验证等功能，这样的设计让功能之间紧耦合，无法实现可插拔。

功能特点

要在 Marathon 中定义服务，我们需要使用其内部的 JSON 格式。如下所示，这样的简单定义将创建一个服务，每个服务中包含两个运行 Nginx 容器的实例。

```
{
  "id": "MyService"
  "instances": 2,
  "container": {
    "type": "docker",
    "docker": {
      "network": "BRIDGE",
      "image": "nginx:latest"
    }
  }
}
```

上面代码更完整的版本如下所示。

```
{
  "id": "MyService"
  "instances": 2,
  "container": {
    "type": "docker",
    "docker": {
      "network": "BRIDGE",
      "image": "nginx:latest"
      "portMappings": [
        { "containerPort": 8080, "hostPort": 0, "servicePort": 9000, "protocol": "tcp"
        },
      ]
    }
  },
  "healthChecks": [
    {
      "protocol": "HTTP",
      "portIndex": 0,
      "path": "/",
      "gracePeriodSeconds": 5,
      "intervalSeconds": 20,
      "maxConsecutiveFailures": 3
    }
  ]
}
```

我们添加了端口映射和健康检查。在端口映射中，我们指定一个容器端口，它是 Docker 容器公开的端口。主机端口定义了将主机公共接口上的哪一个端口映射到容器端口。假如主机端口指定为 0，则会在运行时为容器分配一个随机端口。同样，我们可以指定一个服务端口，服务端口用于本节后面所描述的服务发现和负载均衡。使用健康检查，我们可以执行滚动部署和蓝绿色部署。

除了单一服务，我们还可以使用嵌套的服务树结构来定义 Marathon 应用程序组。定义 Marathon 应用程序组的好处是能够将整个组打包到一起，这在微服务栈中非常有用。比如通过下面的代码，我们就将一组关联镜像打包成了一个微服务的应用程序组。

```
{
  "id": "/product",
  "groups": [
```

```
{
  "id": "/product/database",
  "apps": [
    { "id": "/product/mongo", ... },
    { "id": "/product/mysql", ... }
  ]
},{
  "id": "/product/service",
  "dependencies": ["/product/database"],
  "apps": [
    { "id": "/product/rails-app", ... },
    { "id": "/product/play-app", ... }
  ]
}
]
}
```

除了能够定义基本服务，Marathon 还可以根据指定约束来执行容器调度，包括指定每个服务实例必须位于不同的物理主机"约束"上。我们还可以使用 cpus 和 mem 标签来指定容器的资源利用率，调度器可以以智能的方式根据标签内容将容器负载部署到不同的主机上。

默认情况下，Mesos 依靠传统的 Docker 端口进行映射，通过外部服务发现来做负载均衡。但是最新的做法是，使用 Mesos DNS 或使用 Marathon LB 的负载均衡对服务发现进行支持。

Mesos DNS 是一个运行在 Mesos 之上的应用程序，用于查询 Mesos API 以获取所有正在运行的任务和应用程序列表，然后为运行这些任务的节点创建 DNS 记录。所有 Mesos 代理都需要手动更新才能使用 Mesos DNS 服务作为其主 DNS 服务器。

Mesos DNS 使用向主服务器注册 Mesos 代理的主机名或 IP 地址，端口映射可以作为 SRV 记录供调用方查询。由于 Marathon DNS 在代理主机名上工作，并且主机网络端口必须公开，因此不同主机的 IP 地址和端口不能相互冲突。另外，与群集中任何容器上可寻址的 Kubernetes VIP 不同，我们必须手动将/etc/resolve.conf 更新到 Mesos DNS 服务器集，并在 DNS 服务器更改时更新配置。

Marathon 也支持持久卷轴以及外部持久卷轴。但是，这两个功能都处于非常原始的状态。持久卷轴仅在容器重启时在单个节点上持久存在，如果使用它们的应用程序被删除，持久卷轴也将被删除，但磁盘上的实际数据不会被自动删除，必须手动删除。外部持久卷轴需要 DC/OS 支撑，并且目前只允许将服务按照单个实例模式进行部署。

本节我们简单描述了什么是容器编排，并介绍了主流的三种容器编排方式的主要特点，下面两节，我们将为大家介绍一下 Kubernetes 和 Docker Swarm 容器编排的安装和使用实例。Mesos&Marathon 在国内大规模生产中使用的场景不多，所以本章将不再详细介绍，有需要的读者可以自行学习相关教程。

10.3　Kubernetes 实战

Kubernetes 的主要适用场景是有上千个节点的集群，并且基本上不需要特定地改造容器编排工具即可使用。

Kubernetes 的数据结构的设计层次非常符合微服务的设计思想。

例如，为了更好契合微服务架构的特点，Kubernetes 会对一个简单的容器运行进行包装，使其具有"容器—Pod—Deployment—Service"这样的多重复杂层次，每个层次有自己的作用，每一层之间都可以进行拆分和组合。这样做的好处是能够最大化地符合微服务的架构范式，但是也带来了学习门槛偏高的缺点。为了简单运行一个容器，我们需要学习很多概念和编排规则。另外，除了门槛较高，Kubernetes 当前能够支持的集群规模较小也是另外一个瓶颈，官方说法是，Kubernetes 能够支持几千个节点，所以对于拥有上万个节点的集群而言，还需要依托更强的 IT 能力对 Kubernetes 进行定制。

对于 Kubernetes 而言，如果我们把它放到整个企业架构中去考量，它处于平台层的顶端，如图 10-1 所示。平台层为上层的软件层提供支撑，并对下层的基础设施层进行管理。下面，我们来看一下 Kubernetes 的简单安装步骤。

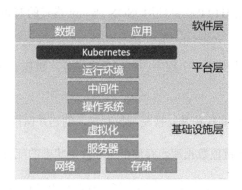

图 10-1　Kubernetes 在整个企业架构中的位置

10.3.1 Kubernetes 快速安装

在本书中，我们将使用 kubeadm 实用程序在 CentOS 7 及 RHEL 7 系统上安装最新版本的 Kubernetes 1.7。

简单的 Kubernetes 部署架构如图 10-2 所示，本次安装将使用三台 CentOS 7 服务器。一台服务器作为主节点，其余两台服务器将作为小型节点或工作节点。

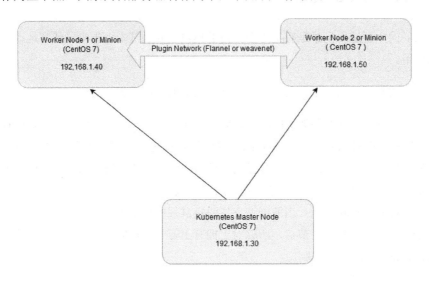

图 10-2　简单的 Kubernetes 部署架构

在主节点上，我们将安装以下组件。

- API 服务器：通过 HTTP 提供使用 JSON 或 yml 格式的 Kubernetes API，API 对象的状态存储在 etcd 中。

- 调度程序：主节点上的一个程序，执行调度任务，如基于资源可用性在工作节点中启动容器。

- 控制器管理器：主要任务是监视复制控制器，创建并保持控制器所需的状态数据。

- etcd：一个分布式键值数据库，存储群集和群集状态的配置数据。

- kubectl 实用程序：一个命令行实用程序，在端口 6443 上连接 API 服务器，管理员可以使用该实用程序创建窗格、服务等。

在工作节点上,我们将安装以下组件。

- **kubelet**:每个工作节点上运行的代理,它连接到 Docker 并负责创建、启动、删除容器。
- **kube-proxy**:根据传入请求的 IP 地址和端口号将流量路由到适当的容器中。换句话说,即用于端口转发。
- **Pod**:可以定义为部署在单个工作节点或 Docker 主机上的多层容器或一组容器。

下面我们将开始介绍在 CentOS 7 以及 RHEL 7 上安装 Kubernetes 1.7 的步骤。需要注意的是,因为网络环境问题,在国内安装 Kubernetes 也许需要用国内镜像进行加速。

在主节点上安装时,要执行以下步骤。

第一步:禁用 SELinux,设置防火墙规则。

登录到 Kubernetes 主节点,设置主机名,使用以下命令禁用 SELinux。

```
hostnamectl set-hostname 'k8s-master'
exec bash
setenforce 0
sed -i --follow-symlinks 's/SELINUX=enforcing/SELINUX=disabled/g' /etc/sysconfig/selinux
```

设置防火墙规则的命令如下。

```
[root@k8s-master ~]# firewall-cmd --permanent --add-port=6443/tcp
[root@k8s-master ~]# firewall-cmd --permanent --add-port=2379-2380/tcp
[root@k8s-master ~]# firewall-cmd --permanent --add-port=10250/tcp
[root@k8s-master ~]# firewall-cmd --permanent --add-port=10251/tcp
[root@k8s-master ~]# firewall-cmd --permanent --add-port=10252/tcp
[root@k8s-master ~]# firewall-cmd --permanent --add-port=10255/tcp
[root@k8s-master ~]# firewall-cmd --reload
[root@k8s-master ~]# modprobe br_netfilter
[root@k8s-master ~]# echo '1' > /proc/sys/net/bridge/bridge-nf-call-iptables
```

注意:如果没有自己的 DNS 服务器,则需要更新主节点和工作节点上的 /etc/hosts 文件,命令如下。

```
192.168.1.30 k8s-master
192.168.1.40 worker-node1
192.168.1.50 worker-node2
```

第二步：安装 Kubernetes 软件包。

Kubernetes 软件包在默认的 CentOS 7 和 RHEL 7 存储库中不可用，因此要使用下面的命令配置软件包存储库。

```
[root@k8s-master ~]# cat <<EOF > /etc/yum.repos.d/kubernetes.repo
> [kubernetes]
> name=Kubernetes
> baseurl=https://packages.cloud.google.com/yum/repos/kubernetes-el7-x86_64
> enabled=1
> gpgcheck=1
> repo_gpgcheck=1
> gpgkey=https://packages.cloud.google.com/yum/doc/yum-key.gpg
>        https://packages.cloud.google.com/yum/doc/rpm-package-key.gpg
> EOF [root@k8s-master ~]#
```

配置软件包存储库后，运行 beneath 命令来安装 kubeadm 和 Docker 软件包。

```
[root@k8s-master ~]# yum install kubeadm Docker -y
```

启动 kubelet 和 Docker 服务，命令如下。

```
[root@k8s-master ~]# systemctl restart Docker && systemctl enable Docker
[root@k8s-master ~]# systemctl  restart kubelet && systemctl enable kubelet
```

第三步：运行如下命令，初始化 kubeadm。

```
[root@k8s-master ~]# kubeadm init
```

至此，我们能看到界面上出现 "successfully" 的成功提示，表示 Kubernetes 主节点已经成功初始化了，接下来我们就可以执行下面的命令，以 root 用户身份使用群集了。

```
[root@k8s-master ~]# mkdir -p $HOME/.kube
[root@k8s-master ~]# cp -i /etc/kubernetes/admin.conf $HOME/.kube/config
[root@k8s-master ~]# chown $(id -u):$(id -g) $HOME/.kube/config
```

为了使群集状态就绪，并且保证 Kube-DNS 状态正在运行，还需要部署 OverLay 网络，以便不同主机的容器彼此可以通信。

下面，运行 beneath 命令来部署网络，具体如下。

```
[root@k8s-master ~]# export kubever=$(kubectl version | base64 | tr -d '\n')
[root@k8s-master ~]# kubectl apply -f "https://cloud.weave.works/k8s/net?k8s-version=$kubever"
```

```
serviceaccount "weave-net" created
clusterrole "weave-net" created
clusterrolebinding "weave-net" created
daemonset "weave-net" created
[root@k8s-master ~]#
```

上述步骤都完成之后，我们就可以使用如下命令验证当前的节点状态了。

```
[root@k8s-master ~]# kubectl get nodes
NAME            STATUS    AGE       VERSION
k8s-master      Ready     1h        v1.7.5
[root@k8s-master ~]# kubectl get Pods --all-namespaces
NAMESPACE     NAME                                    READY     STATUS     RESTARTS     AGE
kube-system   etcd-k8s-master                         1/1       Running    0            57m
kube-system   kube-apiserver-k8s-master               1/1       Running    0            57m
kube-system   kube-controller-manager-k8s-master      1/1       Running    0            57m
kube-system   kube-dns-2425271678-044ww               3/3       Running    0            1h
kube-system   kube-proxy-9h259                        1/1       Running    0            1h
kube-system   kube-scheduler-k8s-master               1/1       Running    0            57m
kube-system   weave-net-hdjzd                         2/2       Running    0            7m
[root@k8s-master ~]#
```

主节点安装完成之后，我们需要将工作节点添加到 Kubernetes 主节点中。具体做法是，在每个工作节点上执行以下步骤。

第一步：禁用 SELinux 并在两个节点上配置防火墙规则。

在禁用 SELinux 之前，将两个节点上的主机名分别设置为 worker-node1 和 worker-node2。

```
~]# setenforce 0
~]# sed -i --follow-symlinks 's/SELINUX=enforcing/SELINUX=disabled/g' /etc/sysconfig/selinux
~]# firewall-cmd --permanent --add-port=10250/tcp
~]# firewall-cmd --permanent --add-port=10255/tcp
~]# firewall-cmd --permanent --add-port=30000-32767/tcp
~]# firewall-cmd --permanent --add-port=6783/tcp
~]# firewall-cmd --reload
~]# echo '1' > /proc/sys/net/bridge/bridge-nf-call-iptables
```

第二步：在每个工作节点上配置 Kubernetes 仓库，命令如下。

```
~]# cat <<EOF > /etc/yum.repos.d/kubernetes.repo
```

```
> [kubernetes]
> name=Kubernetes
> baseurl=https://packages.cloud.google.com/yum/repos/kubernetes-el7-x86_64
> enabled=1
> gpgcheck=1
> repo_gpgcheck=1
> gpgkey=https://packages.cloud.google.com/yum/doc/yum-key.gpg
>         https://packages.cloud.google.com/yum/doc/rpm-package-key.gpg
> EOF
```

第三步：在每个工作节点上安装 kubeadm 和 Docker，命令如下。

```
[root@worker-node1 ~]# yum  install kubeadm docker -y
[root@worker-node2 ~]# yum  install kubeadm docker -y
```

接着执行如下命令启动 Docker 服务。

```
[root@worker-node1 ~]# systemctl restart docker && systemctl enable docker
[root@worker-node2 ~]# systemctl restart docker && systemctl enable docker
```

第四步：将工作节点全部加入主节点。

需要注意的是，要想将工作节点连接到主节点，我们需要一个令牌。每当 Kubernetes 主节点初始化时，我们便可以在屏幕输出中得到该令牌。复制该令牌，并在两个工作节点上运行如下脚本。

```
[root@worker-node1 ~]# kubeadm join --token a3bd48.1bc42347c3b35851 192.168.1.30:6443
```

若一切正常，我们就能在工作节点上看见"Node join complete"的成功通知。

现在在主节点上执行 kubectl 命令验证工作节点的状态，如下面所显示的，主节点和工作节点都已经处于就绪状态了。

```
[root@k8s-master ~]# kubectl get nodes
NAME            STATUS    AGE     VERSION
k8s-master      Ready     2h      v1.7.5
worker-node1    Ready     20m     v1.7.5
worker-node2    Ready     18m     v1.7.5
[root@k8s-master ~]#
```

由此我们可以得出结论，Kubernetes 1.7 已经成功安装，并且我们已经成功地在主节点中加入了两个工作节点。下面我们介绍创建部署 Pod 和服务的方法。

10.3.2 在 Kubernetes 上部署应用

Kubernetes 有其独特的部署哲学。

首先，Kubernetes 支持"容器即程序"的原则。一旦部署容器，便不会通过"挂载到容器并更改"的方式来更新内容（即应用程序），而是会部署一个新版本。

其次，Kubernetes 中的所有内容都是通过声明来配置的。这一特性能够真正实现 infrastructure as code（基础设施即代码），开发人员只要编写好 Kubernetes 的部署描述符，就能完全屏蔽物理细节，达到理想的部署效果。

上述的"容器即程序""声明式配置"这些原则具有许多优点，比如可以使容器和应用的升级管理变得更加容易，比如声明式部署配置可以在版本控制中与代码一起存储。从架构的层面上来看，Kubernetes 的这种部署模式实际上实现了 infrastructure as code（基础设施即代码）和 platform as code（平台即代码）。

另外，Kubernetes 提供了 Pod 和 Service 这些逻辑单元，使得构建分布式应用程序变得更加容易，比如构建那些基于微服务架构风格的应用程序。

- Pod 是 Kubernetes 内部署的最小单位。一个 Pod 内部包括一组容器，这些容器互相配合对外提供服务。比如一个微服务应用程序容器，可以和提供日志/监控的若干 SideCar 容器共同组成一个 Pod。同一个 Pod 中的容器共享文件系统和网络名称空间。

- Service 是 Kubernetes 中提供负载均衡、命名和发现功能的逻辑单元。Service 由一组不同角色职责的 Pod 组成，这些 Pod 共同对外提供服务。服务、控制器和 Pod 在 Kubernetes 中通过"标签"连接在一起，执行 Kubernetes 调度策略中的调度操作。

下面我们通过一个简单的开源项目实例来展示一下如何在 Kubernetes 上部署 Java 应用，以及如何在部署过程中使用 Pod 和 Service 这两个逻辑单元。

在首次创建容器及相关的 Kubernetes 部署配置之前，我们必须确保已经安装了以下运行环境。

- Mac/Windows/Linux 下的 Docker：使我们能够在本地开发机器上构建、运行和测试 Kubernetes 之外的 Docker 容器。

- Minikube：可以让我们轻松通过虚拟机在本地开发机器上运行单节点 Kubernetes 的集群测试的工具。

- Git 工具：代码示例存储在 GitHub 上，通过在本地使用 Git 可以分发存储库，并将更改提交到自己的应用程序个人副本中。

- Docker Hub：从 http://hub.docker.com/ 上拉取专用镜像。

- Java 8（或 9）的 SDK 和 Maven：我们将使用 Java 8 的 Maven 构建工具和依赖项工具来构建代码。

安装完上述环境后，我们来具体看一下如何部署应用，步骤如下。

第一步：从 GitHub 上下载以下示例代码并编译。

```
$ git clone git@github.com:danielbryantuk/oreilly-docker-java-shopping.git
$ cd oreilly-docker-java-shopping/shopfront
Feel free to load the shopfront code into your editor of choice, such as IntelliJ IDE or
 Eclipse, and have a look around. Let's build the application using Maven. The resultin
g runnable JAR file that contains the application will be located in the ./target direc
tory.
$ mvn clean install
...
[INFO] ------------------------------------------------------------------------
[INFO] BUILD SUCCESS
[INFO] ------------------------------------------------------------------------
[INFO] Total time: 17.210 s
[INFO] Finished at: 2017-09-30T11:28:37+01:00
[INFO] Final Memory: 41M/328M
[INFO] ------------------------------------------------------------------------
```

第二步：编写 Dockerfile。

构建 Docker 容器镜像。Docker 镜像操作系统的选择、配置和构建步骤通常通过 Dockerfile 来指定。如下所示是位于 shopfront 目录下的示例 Dockerfile。

```
FROM openjdk:8-jre
ADD target/shopfront-0.0.1-SNAPSHOT.jar app.jar
EXPOSE 8010
ENTRYPOINT ["java","-Djava.security.egd=file:/dev/./urandom","-jar","/app.jar"]
```

第一行指定了容器的基础镜像使用 openjdk:8-jre 镜像来创建。openjdk:8-jre 镜像由 OpenJDK 团队维护，包含在 Docker 容器（例如安装并配置了 OpenJDK 8 JRE 的操作系统）中运行 Java 8 应用程序所需的所有内容。

第二行将 target/shopfront-0.0.1-SNAPSHOT.jar "添加"到了镜像中。

第三行指定应用程序监听的端口 8010 必须"暴露"为可从外部访问的。

第四行指定了在初始化容器时运行的"入口点"或命令。

第三步：编译容器镜像，代码如下。

```
$ docker build -t danielbryantuk/djshopfront:1.0 .
Successfully built 87b8c5aa5260
Successfully tagged danielbryantuk/djshopfront:1.0
```

现在我们将编译好的容器镜像推送到 Docker Hub，代码如下。如果尚未通过命令行登录 Docker Hub，则必须立即执行此操作，并输入你的用户名和密码进行登录。

```
$ docker login
Login with your Docker ID to push and pull images from Docker Hub. If you don't have a
Docker ID, head over to https://hub.Docker.com to create one.
Username:
Password:
Login Succeeded
$
$ docker push danielbryantuk/djshopfront:1.0
The push refers to a repository [docker.io/danielbryantuk/djshopfront]
9b19f75e8748: Pushed
...
cf4ecb492384: Pushed
1.0: digest: sha256:8a6b459b0210409e67bee29d25bb512344045bd84a262ede80777edfcff3d9a0
size: 2210
```

第四步：将应用部署到 Kubernetes 上。

在 Kubernetes 中运行上述容器。首先，如下更改项目根目录下的 kubernetes 目录。

```
$ cd ../kubernetes
```

前面我们提到过，Kubernetes 通过 yml 文件指定和配置应用的部署逻辑，达到基础设施即代码的效果。下面的 shopfront-service.yml 就是本项目中用来部署应用的 yml 配置文件。

```
apiVersion: v1
kind: Service
metadata:
  name: shopfront
```

```yaml
  labels:
    app: shopfront
spec:
  type: NodePort
  selector:
    app: shopfront
  ports:
  - protocol: TCP
    port: 8010
    name: http

---
apiVersion: v1
kind: ReplicationController
metadata:
  name: shopfront
spec:
  replicas: 1
  template:
    metadata:
      labels:
        app: shopfront
    spec:
      containers:
      - name: shopfront
        image: danielbryantuk/djshopfront:latest
        ports:
        - containerPort: 8010
        livenessProbe:
          httpGet:
            path: /health
            port: 8010
          initialDelaySeconds: 30
          timeoutSeconds: 1
```

yml 文件的第一部分创建了一个名为 shopfront 的服务，该服务将 TCP 端口 8010 上有关此服务的流量路由到了标签为 app：shopfront 的 Pod 上。

yml 文件的第二部分创建了一个复制控制器（Replication Controller），它指定 Kubernetes 应该运行 shopfront 容器的一个副本（实例），我们已经声明了它是被标记为 app：shopfront 的 spec（规范）的一部分。我们还指定了 Docker 容器中公开的 8010 应用程序通信端口必须是打开的，并声明了 Kubernetes 可用来确定容器化应用程序是否正确运行的健康检查接口（Liveness Probe）。

接下来我们通过 minikube 命令来部署上面提到的 yml 配置文件，命令如下。

请注意，第一行 minikube 命令后面的内存和 CPU 配置需要根据我们自己的机器资源进行调整。倒数第三行的 kubectl apply 命令就是用来在 Kubernetes 集群中加载和部署 yml 文件的。

```
$ minikube start --cpus 2 --memory 4096
Starting local Kubernetes v1.7.5 cluster...
Starting VM...
Getting VM IP address...
Moving files into cluster...
Setting up certs...
Connecting to cluster...
Setting up kubeconfig...
Starting cluster components...
Kubectl is now configured to use the cluster.
$ kubectl apply -f shopfront-service.yaml
service "shopfront" created
replicationcontroller "shopfront" created
```

我们可以使用 kubectl get svc 命令来查看 Kubernetes 中的所有服务，还可以使用 kubectl get Pods 命令来查看所有关联的窗格。注意，第一次发出 get Pods 命令时，容器可能尚未完成创建，因而会被标记为"尚未就绪"。

如下所示，执行 kuberctl get Pods 命令就能看到，shopfront-0w1js 容器的所有 Pod 已经启动成功了。

```
$ kubectl get svc
NAME          CLUSTER-IP    EXTERNAL-IP   PORT(S)          AGE
kubernetes    10.0.0.1      <none>        443/TCP          18h
shopfront     10.0.0.216    <nodes>       8010:31208/TCP   12s
$ kubectl get Pods
NAME              READY    STATUS              RESTARTS   AGE
shopfront-0w1js   0/1      ContainerCreating   0          18s
$ kubectl get Pods
```

```
NAME              READY      STATUS     RESTARTS     AGE
shopfront-0w1js   1/1        Running    0            2m
```

现在我们已经成功地将第一个应用部署到 Kubernetes 中了!

下面来测试一下,使用 curl 命令查看是否可以从 Shopfront 应用程序的健康检查接口中获取数据,命令如下。

```
$ curl $(minikube service shopfront --url)/health
{"status":"UP"}
```

我们可以从上面的 curl 结果中看到,应用程序已经启动并且正在运行。

上述启动成功的 Shopfront 只是整个微服务架构中的一个应用,为了启动整个微服务,我们还需要按照如下方式编译生成另外两个容器镜像,代码如下。

```
$ cd ..
$ cd productcatalogue/
$ mvn clean install
...
$ docker build -t danielbryantuk/djproductcatalogue:1.0 .
...
$ docker push danielbryantuk/djproductcatalogue:1.0
...
$ cd ..
$ cd stockmanager/
$ mvn clean install
...
$ docker build -t danielbryantuk/djstockmanager:1.0 .
...
$ docker push danielbryantuk/djstockmanager:1.0
...
```

这样一来,我们就完成了所有微服务和相关 Docker 镜像的构建,并将镜像推送到了 Docker Hub 中。下面我们将产品目录和库存管理服务部署到 Kubernetes 中。

与上面用于部署 Shopfront 应用的流程类似,我们可以将应用程序中的其余两个微服务部署到 Kubernetes 中,代码如下。

```
$ cd ..
$ cd kubernetes/
$ kubectl apply -f productcatalogue-service.yaml
```

```
service "productcatalogue" created
replicationcontroller "productcatalogue" created
$ kubectl apply -f stockmanager-service.yaml
service "stockmanager" created
replicationcontroller "stockmanager" created
$ kubectl get svc
NAME              CLUSTER-IP      EXTERNAL-IP     PORT(S)              AGE
kubernetes        10.0.0.1        <none>          443/TCP              19h
productcatalogue  10.0.0.37       <nodes>         8020:31803/TCP       42s
shopfront         10.0.0.216      <nodes>         8010:31208/TCP       13m
stockmanager      10.0.0.149      <nodes>         8030:30723/TCP       16s
$ kubectl get Pods
NAME                        READY     STATUS      RESTARTS    AGE
productcatalogue-79qn4      1/1       Running     0           55s
shopfront-0w1js             1/1       Running     0           13m
stockmanager-lmgj9          1/1       Running     0           29s
```

前文提到过，执行 kubectl get Pods 命令返回结果的时候，有可能会看到有部分的 Pod 尚未运行，因此这里需要留心和注意。

随着所有服务的部署和所有相关联 Pod 的运行，我们便可以通过浏览器访问整个微服务应用集群了。我们可以通过执行如下的 minikube 命令在默认浏览器中打开该服务。

```
$ minikube service shopfront
```

假如一切正常，我们就可以看到如图 10-3 所示的 Shopfront 的入口界面。

图 10-3　Shopfront 的入口界面

在本书中，我们已经将示例应用程序组成了三个 Java Spring Boot 和 Dropwizard 微服务，并将其部署到了 Kubernetes 上。这个示例应用在 Kubernetes 下的部署逻辑如图 10-4 所示。至此我们就将如何快速安装 Kubernetes 集群环境，以及如何在 Kubernetes 中部署应用介绍完毕。

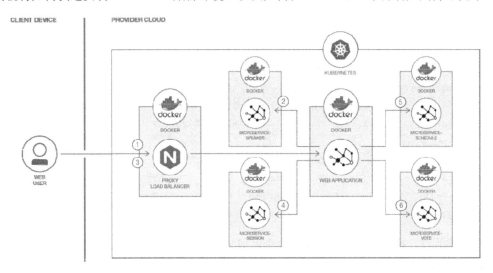

图 10-4　示例应用在 Kubernetes 下的部署逻辑

10.4　Docker Swarm 实战

上一节中我们学习了如何安装 Kubernetes 集群，以及如何在 Kubernetes 集群中部署应用。这一节我们来简单介绍一下如何安装 Docker Swarm 集群，以及如何在 Docker Swarm 集群中部署应用。

很多初创团队都是直接使用裸容器的，没有考虑容器的编排，也没有设定容器的负载均衡策略，但是当容器数量达到一定规模之后，手动管理这么多的容器简直就是一个灾难。这时候如果能引入容器平台，就会轻松很多。

在容器平台的规模不是很大的时候，比如对于一个创业团队而言，容器数量可能不会超过 100 个，这种情况下我们可以选择 Docker Swarm 来进行容器编排。

Docker Swarm 的逻辑架构如图 10-5 所示，具体说明如下。

- 集群维护不需要用到 ZooKeeper 和 etcd，而是靠自己内置的方法。

- 命令行和 Docker 是一样的，用起来非常顺手。

- 服务发现和 DNS 是内置的。

- Docker OverLay 网络是内置的。

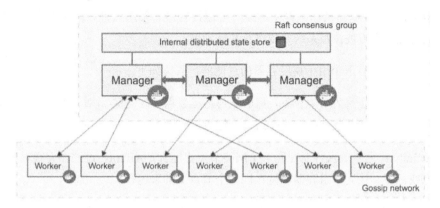

图 10-5　Docker Swarm 的逻辑架构

Swarm 模式将 Docker Swarm 的编排功能集成到了 Docker Engine 1.12 以上的版本中。集群是容器技术中的一个重要特性，因为它创建了一组合作的系统，可以提供冗余，从而在一个或多个节点遇到停机时启用 Docker Swarm 故障切换功能。另外，Docker Swarm 集群还为管理员和开发人员提供了在计算需求发生变化时添加或减少容器迭代的功能。

Swarm 管理器允许用户创建主管理器实例和多个副本实例，以防主要实例失败。在 Docker Engine 的 Swarm 模式下，用户可以在运行时部署管理器和工作节点。

Docker Swarm 使用标准 Docker 应用程序编程接口与其他工具（如 Docker Machine）进行交互。

Swarm 使用调度功能来确保分布式容器享有足够的资源。Swarm 将容器分配给底层节点，然后通过调度策略，将容器调度到最合适的主机上运行。该调度策略会平衡 Docker 容器中的应用程序工作负载，确保容器在具有足够多资源的系统上启动，从而保证应用的性能需求。

在细节上，Swarm 使用如下三种不同的策略来确定每个容器应该运行在哪个节点上。

- Spread：作为默认设置，并基于节点的可用 CPU 和 RAM 以及当前正在运行的容器的数量在集群的节点之间平衡容器。使用 Spread 策略的好处是，如果集群的物理节点宕机，只会有少数容器丢失，大多数容器还能正常工作。

- BinPack：安排容器，以便充分使用每个节点。一旦某个节点已经没有资源容纳更多的容器，新增的容器就会转到群集中的下一个节点进行部署。BinPack 的好处是，它使用较少的基础设施，为未使用的机器上的较大容器预留出了执行空间。

- Random：可以随机在集群中选择一个运行容器。采用这种策略时人为干预最少，但同时也最不方便按照系统负载进行智能调度。

同时，Swarm 中有五个用于调度容器的过滤器，具体如下。

- Constraint：也称为节点标签，指的是与特定节点关联的键/值对。用户可以在构建容器时选择节点的子集并指定一个或多个键/值对。
- Affinity：为了确保容器在同一个网络节点上运行，Affinity 过滤器会根据标识符、图像或标签，让同一组容器保持在同一个节点上部署运行。
- Port：使用此过滤器时，端口代表一种独特的资源。当容器试图在已经被占用的端口上运行时，Swarm 会自动将容器迁移到集群的下一个可供该端口使用的节点上。
- Dependency：当容器相互依赖时，此过滤器会将它们安排在同一个节点上。
- Health：如果节点运行不正常，则健康检查将触发 Swarm 进行调度。

10.4.1 Docker Swarm 的快速安装

本节我们将介绍如何快速安装 Docker Swarm 集群。以下部署模式基于 Docker 1.13 版本。

第一步：在 Docker-machine 上创建三个节点，命令如下。

```
$ docker-machine create --driver virtualbox node1
$ docker-machine create --driver virtualbox node2
$ docker-machine create --driver virtualbox node3
```

输入如下命令，观察以下三个节点的地址。

```
$ docker-machine ls
NAME ACTIVE DRIVER STATE URL Swarm Docker ERRORS
node1 - virtualbox Running tcp://192.168.99.100:2376 v1.13.1
node2 — virtualbox Running tcp://192.168.99.101:2376 v1.13.1
node3 — virtualbox Running tcp://192.168.99.102:2376 v1.13.1
```

第二步：初始化集群。输入如下命令，初始化 node1 节点。

```
Docker@node1:~$ docker swarm init --advertise-addr eth0
Swarm initialized: current node (1f2kfkj0442vplsxmr05lxjq) is now a manager.
To add a worker to this Swarm, run the following command:
docker swarm join \
    --token SWMTKN-1-5g6cl3sw2k76t76o19tc45cnk2b90f9e6vl7rj9iovdj0328o8-a1d8uz0jpya9ij
hw2788bqb2p \
    192.168.99.100:2377
To add a manager to this Swarm, run 'Docker Swarm join-token manager' and follow the
 instructions.
```

注意！

在物理机有多网卡的情况下，--advertise-addr 参数要指向用来通信的那张网卡。

初始化步骤中包含添加工作节点的命令。在 node2 节点中使用如下命令可以将该工作节点添加到集群。

```
Docker@node2:~$ docker swarm join SWMTKN-1-5g6cl3sw2k76t76o19tc45cnk2b90f9e6vl7rj9iovd
j0328o8-a1d8uz0jpya9ijhw2788bqb2p 192.168.99.100:2377
This node joined a Swarm as a worker
```

若要添加管理节点，需要在当前管理节点上（node1）请求管理令牌。比如执行如下命令，我们将在 node1 节点上申请管理令牌。

```
Docker@node1:~$ docker swarm join-token manager
To add a manager to this Swarm, run the following command:
    docker swarm join \
    --token SWMTKN-1-07990ineggmmqgp2zdh7w85y26wd494wwa0f0hjqckim1jq11x-auytk3hyxqijes
0mpanl5yax1 \
    192.168.99.100:2377
```

然后在 node3 节点上执行如下命令，使用管理节点（node1）提供的令牌，将 node3 也作为管理节点加入集群。

```
Docker@node3:~$ docker swarm join --token SWMTKN-1-07990ineggmmqgp2zdh7w85y26wd494wwa0
f0hjqckim1jq11x-auytk3hyxqijes0mpanl5yax1 \
    192.168.99.100:2377
This node joined a Swarm as a manager
```

接下来我们就可以检查整个集群的状态了。如下所示，我们能看到，node1 是管理节点，node2 是工作节点，node3 是 Reachable 状态的管理节点（node1 的管理节点宕机之后会自动接管集群的管理工作）。

```
Docker@node1:~$ docker node ls
ID                         HOSTNAME STATUS AVAILABILITY MANAGER STATUS
1m9rdh9hlkktiwaz3vweeppp   node3    Ready  Active       Reachable
1f2kfkj0442vplsxmr05lxjq   node1    Ready  Active       Leader
pes38pa6w8xteze6dj9lxx54   node2    Ready  Active
```

如上所述，我们通过几个简单的步骤，学习了如何安装三个节点的 Decker Swarm 集群，包括如何安装管理节点、如何实现管理节点的高可用、如何加入工作节点。大家可以发现，相比 Kubernetes，Swarm 集群的安装还是比较简单的。下一节我们将尝试在 Decker Swarm 集群中部署一个应用集群。

10.4.2 在 Decker Swarm 上部署应用

本节中，我们来尝试在 Decker Swarm 集群环境下部署一个应用集群。

我们选择一个简单的开源项目 example-voting-app 来进行实战，example-voting-app 的开源地址是 https://github.com/docker/example-voting-app。

图 10-6 展示了该项目的逻辑架构，该项目是一个 Web 投票系统。为了演示，项目中分别用了 .NET、Python 和 Node.js 三种语言来开发不同的模块。

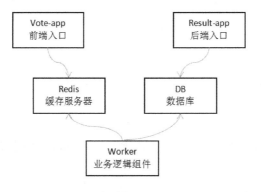

图 10-6　项目的逻辑架构

如图 10-6 所示，这个项目包括以下组件。

- Vote-app：一个 Web 前端入口。

- Redis：一个用来计数投票值的缓存服务器。

- Worker：一个提供 DB 和 Redis 操作的 Service 入口。

- DB：业务数据落地的数据库。

- Result-app：Web 后端管理入口。

下面，我们来简单介绍一下如何在 Swarm 上部署该项目。

首先，下载取得该项目的 Docker Compose 的 yml 文件，方法如下。

```
$ curl -O https://raw.githubusercontent.com/docker/example-voting-app/master/docker-stack.yml
```

该 yml 文件内容如下。

```yaml
version: "3"
services:
  redis:
    image: redis:alpine
    ports:
      - "6379"
    networks:
      - frontend
    deploy:
      replicas: 2
      update_config:
        parallelism: 2
        delay: 10s
      restart_policy:
        condition: on-failure
  db:
    image: postgres:9.4
    volumes:
      - db-data:/var/lib/postgresql/data
    networks:
      - backend
    deploy:
      placement:
        constraints: [node.role == manager]
  vote:
    image: dockersamples/examplevotingapp_vote:before
```

```yaml
    ports:
      - 5000:80
    networks:
      - frontend
    depends_on:
      - redis
    deploy:
      replicas: 2
      update_config:
        parallelism: 2
      restart_policy:
        condition: on-failure
  result:
    image: dockersamples/examplevotingapp_result:before
    ports:
      - 5001:80
    networks:
      - backend
    depends_on:
      - db
    deploy:
      replicas: 1
      update_config:
        parallelism: 2
        delay: 10s
      restart_policy:
        condition: on-failure
  worker:
    image: dockersamples/examplevotingapp_worker
    networks:
      - frontend
      - backend
    deploy:
      mode: replicated
      replicas: 1
      labels: [APP=VOTING]
      restart_policy:
        condition: on-failure
        delay: 10s
```

```
          max_attempts: 3
          window: 120s
        placement:
          constraints: [node.role == manager]
  visualizer:
    image: dockersamples/visualizer:stable
    ports:
      - "8080:8080"
    stop_grace_period: 1m30s
    volumes:
      - "/var/run/docker.sock:/var/run/docker.sock"
    deploy:
      placement:
        constraints: [node.role == manager]
networks:
  frontend:
  backend:
volumes:
  db-data:
```

下面我们来具体分析一下上面的 yml 文件中都包含了哪些内容。首先来看一下其中的工作节点（Worker）的 yml 配置，具体如下。

```
deploy:
    mode: replicated
    replicas: 1
    labels: [APP=VOTING]
    restart_policy:
      condition: on-failure
      delay: 10s
      max_attempts: 3
      window: 120s
    placement:
      constraints: [node.role == manager]
```

这里声明了工作节点处于复制（replicated）模式下，与全局模式相反，并且只有一个副本。这意味着在部署中 Swarm 只会创建一个容器实例。

restart_policy 指的是重启策略，此处的配置表明，如果发生故障，该容器将最多尝试重新启动 3 次，每两次启动之间需要间隔 10 秒。

placement 是一个重要选项，因为它定义了容器被部署在哪里。在上面的配置中，通过语句 constraints: [node.role == manager]，我们便可以知道，容器会被部署在管理节点上。

接下来我们实际部署一下该应用集群。首先在 node1 节点（管理节点）上使用如下的 docker stack deploy 命令一键部署该应用集群。

```
$ eval $(docker-machine env node1)
$ docker stack deploy -c docker-stack.yml vote
Creating network vote_backend
Creating network vote_default
Creating network vote_frontend
Creating service vote_worker
Creating service vote_visualizer
Creating service vote_redis
Creating service vote_db
Creating service vote_vote
Creating service vote_result
```

下面我们来检查一下应用的启动状态，命令如下。

```
Docker@node1:~$ docker stack ls
NAME     SERVICES
voting   6
```

同时我们还可以通过如下命令更详细地观察各个 Service 的运行状态。

```
Docker@node1:~$ docker service ls
ID              NAME              MODE         REPLICAS   IMAGE
0b7wliblok8l    vote_vote         replicated   2/2        dockersamples/examplevotingapp_v
ote:before
nwl97sw2xci5    vote_redis        replicated   2/2        redis:alpine
oa3k3lqhpkle    vote_visualizer   replicated   1/1        dockersamples/visualizer:stable
otmy5huzv333    vote_worker       replicated   1/1        dockersamples/examplevotingapp_w
orker:latest
oub9r3pwunqd    vote_db           replicated   1/1        postgres:9.4
w1aek7v8f059    vote_result       replicated   1/1        dockersamples/examplevotingapp_r
esult:before
```

观察上述应用的 yml 文件可以看到如下配置，它规定了整个应用的边缘节点都要通过 8080 端口和外部网络进行通信。

```
visualizer:
```

```
image: dockersamples/visualizer:stable
ports:
  - "8080:8080"
stop_grace_period: 1m30s
volumes:
  - "/var/run/docker.sock:/var/run/docker.sock"
deploy:
  placement:
    constraints: [node.role == manager]
```

因此,直接访问应用地址,并且加上 8080 端口,就能看到如图 10-7 所示的示例应用的启动界面。

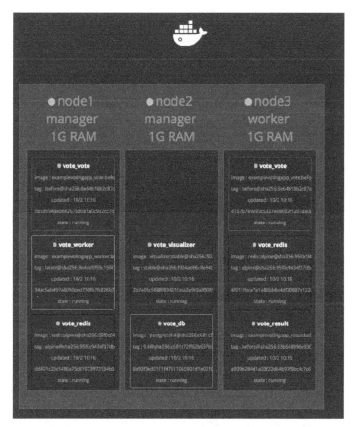

图 10-7　示例应用的启动界面

如果出现以上界面,就表示我们已经成功在 Decker Swarm 环境下部署了整套 Web 应用,至此我们就学习了如何快速安装 Decker Swarm 集群环境,以及如何在 Decker Swarm 上部署应用。

在前面的第一部分和第二部分中,我们分别介绍了什么是 Docker,什么是微服务,Docker 与微服务的关系,Docker 的技术架构,微服务的技术架构,以及 Docker 与微服务架构的融合。

在这一部分中,我们将带领大家探究如何在中小型公司中将 Docker 落地,如何进行 Rancher 容器云平台的选型,进而管理 Docker 与微服务产品线。具体来说,这一部分会介绍 Docker 在中小型公司顶层架构中所处的层次,选型 Rancher 构建 CaaS 的原因,Rancher 是什么,Rancher 在企业架构中如何落地,Rancher 的日志管理与收集,Rancher 对 IaaS 层、PaaS 层、SaaS 层的管理与支持,Rancher 下的扁平网络,Rancher 自带的边缘节点的负载均衡,以及 Rancher 与 CI/CD 流水线。最后几节介绍了笔者亲自主持的一个用 Rancher 和 Docker 部署的微服务的架构思路和路线图。

通过这部分的学习,希望读者能够将前两部分介绍的微服务架构和 Docker 架构整合起来,融会贯通,让自己的思路从云端到落地渐渐清晰。

Docker 落地之路

第 11 章 企业级 Docker 容器云架构

11.1 宏观系统视角下的架构

在一个中型规模（500 人以上）且有着多条产品线（产品线数量在 10 条以上）的 IT 公司（包括但不限于互联网企业、传统企业、IT 软件供应企业）中，我们可以把公司内部的整个技术架构划分成几个层次，图 11-1 给出了宏观视角下的技术架构。

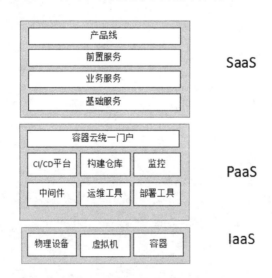

图 11-1　宏观视角下的技术架构

从垂直方向看，顶层展示的是公司的整体业务输出能力，我们将其称为软件即服务（SaaS），其中又可以从上到下细分为产品线、前置服务、业务服务、基础服务。分层的思路和逻辑在本书第一部分关于微服务架构分层理论的内容中讨论过，此处不再赘述。

第二层展示的是公司的 IT 基本架构和各种 DevOps 工具链，我们称之为平台即服务（PaaS），其中包括容器云统一门户（或者称为容器云统一平台），它向上支撑 SaaS 层服务，中间管理 PaaS 层的基础组件，向下管理基础设施即服务（IaaS）层的物理组件。

具体来讲，一个成熟的容器云统一平台需要具备以下几个要点。

- 包括各种 DevOps 工具链（如 CI/CD 平台），可以自主研发，也可以基于 Jenkins 来做 Pipeline。
- 包括 Docker 构建仓库，比如 Harbor。
- 包括日志和监控，其中有基础层监控 Zabbix、性能监控 Pinpoint、日志监控 ELK 等。
- 包括各种中间件，例如 RocketMQ 之类的 ESB、Eureka 之类的服务发现、Apollo 之类的配置中心等。
- 包括 Docker 虚拟化，有基于 Docker 的基础镜像、Dockerfile，以及 Docker Compose 的 yml 文件。

第三层展示了公司的 IT 基本架构和各种虚拟化的支撑技术，我们称之为基础设施即服务（IaaS），中间包含物理机服务器设备、用 OpenStack 和 VMware 搭建的虚拟化环境、容器等。

11.2 容器云平台逻辑架构图

为了实现上面介绍的 SaaS、PaaS、IaaS 三层软件架构模式，我们需要依赖一个统一的容器云平台，也就是上一节所描述的容器云 PaaS 层平台。

图 11-2 所示为微观视角下的容器云平台逻辑架构，现在让我们自下而上分析一下这个典型的容器云 PaaS 平台包含哪些内容。

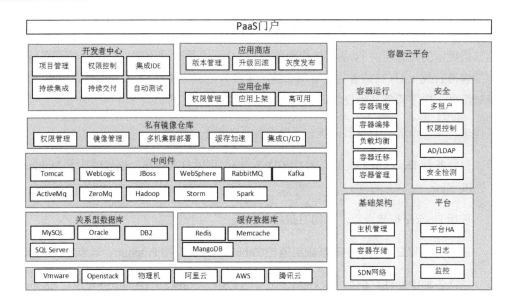

图 11-2　微观视角下的容器云平台逻辑架构

首先纵向来看，通过图 11-2 可以看到，底层是对混合云主机的底层管控。

再往上一层是对数据持久化中间件的管理，包括 Redis、MangoDB、Memcache 之类的缓存数据库，也包括 MySQL、Oracle、DB2、SQL Server 之类的传统关系型数据库。

接下来的一层是中间件层，包括如 Tomcat、WebLogic、JBoss、WebSphere 等的应用容器中间件，如 RabbitMQ、Kafka 等的消息队列中间件，以及如 Hadoop、Storm、Spark 等的大数据中间件。

对于上一层的数据持久化中间件和这一层的各种应用中间件，我们可以将其选装在裸金属物理机、虚拟机上，也可以用 Docker 启动，但 Docker 官方不建议用 Docker 运行有状态应用。

接下来再上面一层是私有镜像仓库，正如我们前面提到的，这一部分可以选用 Harbor 技术，Harbor 本身的功能特性包含了权限管理、镜像管理、多机集群部署等。

再往上是服务开发人员的开发者中心，包含了开发的项目管理、权限控制、集成 IDE、持续交付、持续集成、自动测试等。右边还包括围绕开发者中心建立的基于产品线的应用仓库和其上的应用商店。

最后，顶部就是面向开发人员、测试人员、管理人员、运维人员的 PaaS 门户。

上面介绍的几个方向都是 PaaS 层需要实现的功能，那么该如何实现这些功能特性呢？我们继续观察图 11-2，右边在垂直方向上贯穿整个架构的就是容器云平台。容器云平台通过管理容器运行，管理安全，管理基础架构，管理平台，达到管理横向不同层次的 PaaS 的功能，最终对上层输出 PaaS 能力。

那么在具体的实践方案上，如何才能搭建这样一个统一的容器云 PaaS 平台呢？有没有简单可行的开源解决方案呢？其实是有的，正如生化武器号称穷人的原子弹一样，除了大公司能自主研发这种容器云 PaaS 平台，小型公司也有专业的开源方案可以开箱即用，比如使用行业内主流的 Rancher 和 OpenShift，下面的章节我们就来介绍一下 Rancher。

第 12 章

基于 Rancher 的容器云管理平台

12.1 Rancher 概述

正如前文所说，一个良好的企业架构需要一个容器云级别的平台，这个平台可以自主研发，也可以通过开源软件进行二次开发。

对于一般的公司（不是 BAT 级别）而言，自主研发的成本太高，若不成功反而得不偿失。相反，如果选择一个良好的开源软件进行二次开发，反而能够达到事半功倍的效果，让自己的业务主体更加集中在性能提升上，而不是花费大量的时间重复造轮子。

Rancher 就是一个开源的企业级容器管理平台。通过 Rancher，企业再也不必自己使用一系列开源软件去从头搭建容器服务平台。Rancher 提供了可以在生产环境中使用的管理 Docker 和 Kubernetes 的全栈化容器部署与管理平台，具体由以下四个部分组成。

基础设施编排

Rancher 可以使用任何公有云或私有云的 Linux 主机资源。Linux 主机可以是虚拟机，也可以是物理机。Rancher 仅需要主机有 CPU、内存、本地磁盘和网络资源即可。从 Rancher 的角度来说，一台云厂商提供的云主机和一台自己的物理机是一样的。

Rancher 为运行容器化的应用提供了一层灵活的基础设施服务。Rancher 的基础设施服务包括网络、存储、负载均衡、DNS 和安全模块。Rancher 的基础设施服务也是通过容器部署的，所以 Rancher 的基础设施服务同样也可以运行在任何 Linux 主机上。

容器编排与调度

很多用户都会选择使用容器编排调度框架来运行容器化应用。Rancher 包含了当前全部主流的编排调度引擎，例如 Swarm、Kubernetes 和 Mesos。同一个用户可以创建 Swarm 或 Kubernetes 集群，并且可以使用原生的 Swarm 或者 Kubernetes 工具管理应用。

除了 Swarm、Kubernetes 和 Mesos，Rancher 还支持自己的 Cattle 容器编排调度引擎。Cattle 被广泛用于编排 Rancher 自身的基础设施服务，也被用于实现 Swarm 集群、Kubernetes 集群和 Mesos 集群的配置、管理与升级。

应用商店

Rancher 用户可以在应用商店里一键部署由多个容器组成的应用。用户可以管理这个应用，并且在这个应用有新的可用版本时进行自动化升级。Rancher 提供了一个由 Rancher 社区维护的应用商店，其中包括一系列的流行应用。Rancher 的用户也可以创建自己的私有应用商店。

企业级权限管理

Rancher 支持灵活的插件式的用户认证，支持 Active Directory、LDAP、GitHub 等认证方式，支持基于角色的权限访问控制（Role-Based Access Control，RBAC），可以通过角色来配置某个用户或者用户组对开发环境及生产环境的访问权限。

下面我们将从各个维度来探索 Rancher 的实际使用方式和功能特性。

12.2 Rancher 的安装

Rancher 服务端本身基于 Docker 容器启动，在单节点部署的情况下，只要执行如下命令就可以启动 Rancher 服务端应用。

```
sudo docker run -d --restart=unless-stopped -p 8080:8080 rancher/server
```

但是对于复杂的物理环境和进行大规模生产使用的情况，Rancher 服务端启用则需要使用集群部署模式。

在传统的集群部署模式中，最前端（学术上称为边缘节点）可以用 HAProxy 或者 Nginx 作为软负载均衡器（SLB），然后绑定一个域名作为出口。注意，如果要跨内外网管理主机，这个域名需要绑定公网 IP 地址。

Rancher 服务端的集群部署模式，也通过最前端的负载均衡器来实现高可用性，在 SLB 上挂载多个 Rancher 服务端节点，同时把数据持久化落地到 MySQL 的裸金属物理库中，其中 MySQL 的高可用性可以通过 MySQL 的双主或热主备模式来保证。

对于这种模式，只要将 Rancher 服务端的启动脚本进行如下改动，即可通过 NAT 模式绑定本机端口，同时访问远端 MySQL 集群，通过多台 Rancher 服务端的集群保证高可用性。

```
$ docker run -d --restart=unless-stopped -p 8080:8080 -p 9345:9345 rancher/server \
    --db-host myhost.example.com --db-port 3306 --db-user username --db-pass password --db-name cattle \
    --advertise-address <IP_of_the_Node>
```

注意！

在每个节点上，<IP_of_the_Node> 必须是唯一的，因为这个 IP 地址会被添加到高可用集群的设置中。如果我们修改了-p 8080:8080 并在 host 上暴露了一个不一样的端口，则需要添加 --advertise-http-port <host_port> 参数到命令中。

12.3 Rancher 对 IaaS 的管理

一个 PaaS 容器云平台最重要的能力就是跨混合云的 IaaS 管理能力，如图 12-1 所示，我们可以看到，Rancher 支持横跨不同云主机和存储设备对 IaaS 进行简单管理。

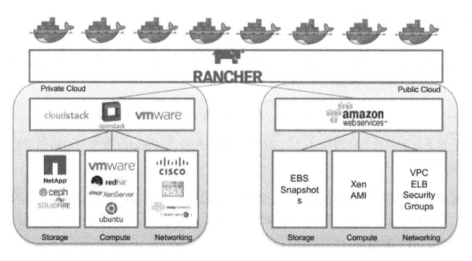

图 12-1　Rancher 横跨云主机和存储设备的管理能力

那么这种管理能力具体是如何实现的呢？我们通过一个例子来进行说明。

例如我们想在混合云模式下部署 NFS，其实很简单。首先进入 Rancher 应用商店主界面，如图 12-2 所示，在应用商店里搜索 NFS 关键字，然后点击搜索出来的 Rancher NFS 服务中的【查看详情】按钮，就能看到如图 12-3 所示的 Rancher NFS 配置界面。

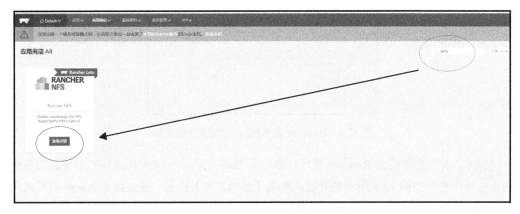

图 12-2　Rancher 应用商店主界面

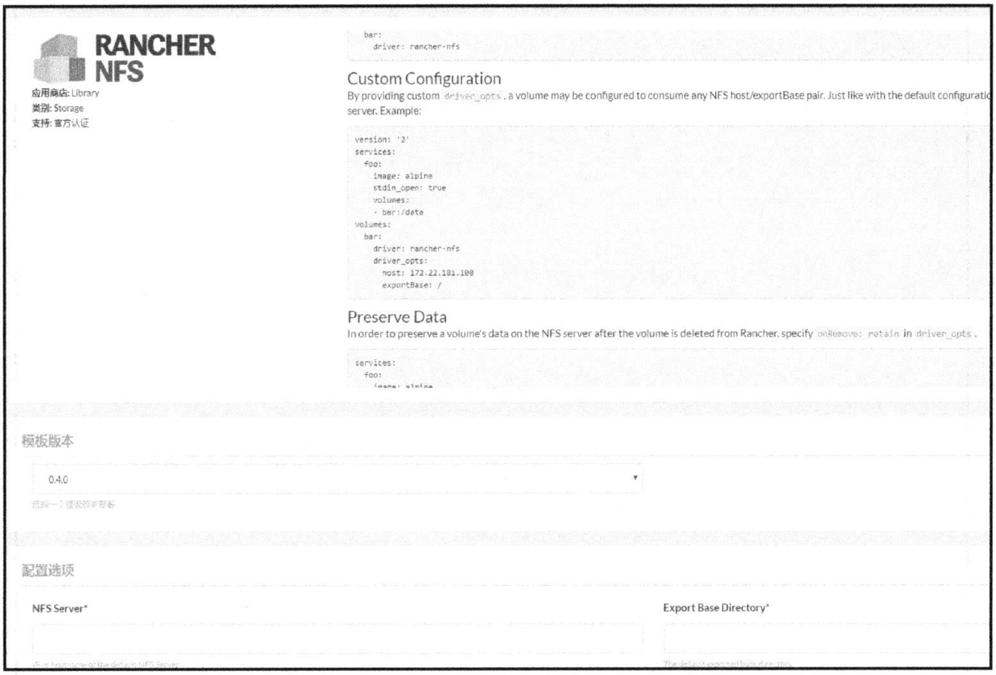

图 12-3　Rancher NFS 配置界面

在上面的界面中填入 NFSServer 地址和 ExportBaseDirector 之后，就能在 Rancher 主界面基础架构菜单中的存储项中看到自己的分布式存储组件。如图 12-4 所示，显示了通过 Rancher 在 NFS 上管理的存储集群。

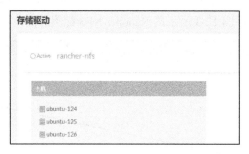

图 12-4　Rancher 在 NFS 上管理的存储集群

同样地，如果想要通过 Rancher 管理任意一个 IaaS 主机，可以在 Rancher 主界面的基础架构的主机项中看到如图 12-5 所示的界面，单击【添加主机】按钮，通过添加 Agent 的模式即可轻松添加一台主机。

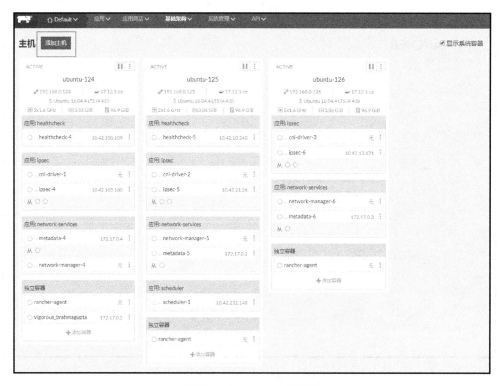

图 12-5　Rancher 主机界面

从图 12-6 所示的 Rancher 添加主机界面中我们可以看到，这里的主机不限于物理主机（Custom），还包括阿里云主机、Amazon 云主机等，这就意味着，只要网络是连通的，Rancher 可以无缝管理混合云下的各种主机资源。

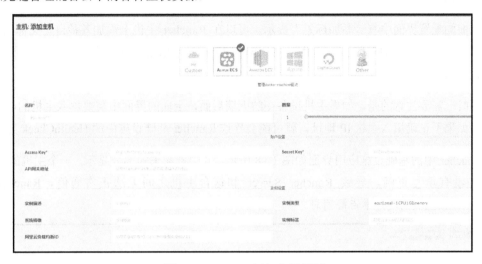

图 12-6 Rancher 添加主机界面

下面以物理主机为例，我们来学习一下如何添加一台主机。添加物理主机的配置界面如图 12-7 所示。

图 12-7 Rancher 添加物理主机的配置界面

在 Rancher 中添加主机的一个先决条件是，该主机上安装了指定版本的 Docker，并且需要注意的是，如果 Rancher 环境中使用了 IPSec 网络模型，则要求这台主机的 UDP（500 和 4500 端口）可以对外访问。

上面的配置界面中有"添加标签"提示，可以在 Rancher 主机上添加各种自定义标签，标签在进行容器编排和动态扩容时有相当大的作用，Rancher 可以根据设置的标签来定制不同的分布和优化策略。

同时，需要注意的是，如果主机设备在防火墙后面，上面的界面中需要填入主机的内部 IP 地址；如果不正确填入主机 IP 地址，就可能会导致 Rancher 基础设施中的 HealthCheck 异常。

Rancher 中的基础设施应用界面如图 12-8 所示，其中框起来的部分显示，一个主机的 IP 地址因为没有填写正确，导致 Rancher Server 和这台主机之间无法正常通信，Rancher 的 HealthCheck 模块出现异常告警信息。

图 12-8　Rancher 中的基础设施应用界面

另外，除了默认的几种主机类型，Rancher 中还有许多默认的主机驱动没有启用和配置，各种驱动插件可以在主界面系统管理菜单下的 Rancher 主机驱动界面中找到，如图 12-9 所示。

第 12 章 基于 Rancher 的容器云管理平台

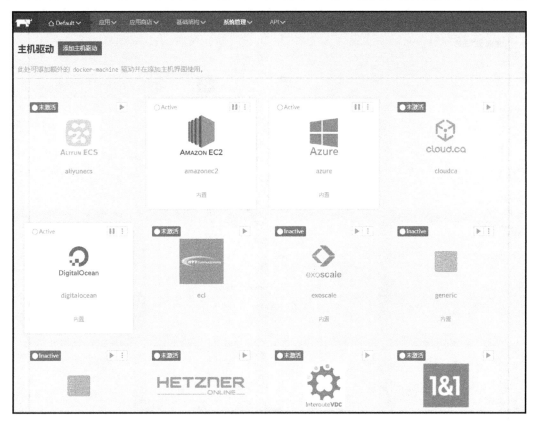

图 12-9　Rancher 主机驱动界面

Rancher 还支持 VMware 和 OpenStack 这些私有云平台的虚拟主机。比如，当我们启用 VMware 插件之后，就能看到在虚拟机（如 VMware Spere）中动态添加扩容虚拟节点的配置界面，如图 12-10 所示。

在界面中需要填入 vSphere 的 Host 地址、账户和密码，然后设置 ISO 镜像的地址。需要注意的是，此处的 ISO 镜像需要默认包含 VMware tools 和 Docker 环境。然后单击【创建】按钮，就能自动在 VMware 中生成新的虚拟机 work04，如图 12-11 所示。

图 12-10　在虚拟机中动态添加扩容虚拟节点的配置界面

图 12-11　Rancher 调用 VMware 接口生成虚拟机

第 12 章 基于 Rancher 的容器云管理平台 235

进一步使用 Rancher 操作 VMware 的功能，再结合 Rancher 的 Webhook 功能，我们就可以根据系统负荷动态添加虚拟机节点，然后在其上部署 Docker 容器。比如，我们首先在 Rancher 主界面中打开 API 菜单下的 Webhook 一栏，在如图 12-12 所示的 Webhook 下的扩容接收器界面填写信息。

注意，我们将主机选择器设置为 vmwaretemplate=true。它的含义是，Rancher 在触发该选择器的时候，会将含有该标签的主机作为模板，在动态创建新主机的时候，将模板主机的网络和配置信息平移过去。

更直观来说，比如我们先通过 Rancher 在 VMware 中创建了一个标签内容为 vmwaretemplate=true 的虚拟主机，这样就能保证动态扩容产生的主机同样是在 VMware 中创建的。

图 12-12　Webhook 下的扩容接收器界面

按图 12-12 所示填写完信息之后,单击【创建】按钮,就能看到如图 12-13 所示的 Webhook 入口界面。

图 12-13　Webhook 入口界面

单击图 12-13 右侧圆圈内的【触发地址】按钮,复制如下的触发地址 URL。

http://192.168.188.17/v1-webhooks/endpoint?key=AOfMIsPtbSAUBKjcrLWz44oazfYZYlDXWgf8LCDR&projectId=1a5

接下来我们只要在 Zabbix 等系统监控工具中根据性能监控的结果动态访问上述 URL,就可以一键式动态扩容主机节点了。需要注意的是,上述 URL 需要用 Post 方式提交。

最后提醒一下,如果安装完一台主机之后,想让主机下线,并在该主机上彻底删除 Rancher 相关信息,那么需要按照以下步骤进行操作。

- 首先在 Rancher 上面疏散该主机的节点,Rancher 会自动将该主机上的应用全部迁移到其他可用主机上,然后在 Rancher 的控制台单击【删除主机】按钮,删除该主机节点。
- 接下来回到该主机节点上,通过 docker rmi 命令删除 Rancher 相关容器,同时手动删除挂载的容器卷轴。
- 最后还要在该主机节点上手动删除/var/lib/rancher 文件夹。

这样,我们就能保证该主机节点已经被清理干净,并且从 Rancher 集群中彻底下线了。

12.4　Rancher 下多租户多环境的管理

对于管理容器云平台而言,最艰难、最吃力的就是对多租户多环境的管理。最简单的一个场景:一个公司内部有多条产品线,每条产品线有多个项目组,每个产品线都希望自己处于单独的租户环境中,有自己的网络模型,每个项目组都希望自己处于相对独立的环境中,只和外部共用一些中间件。

如果完全用手动的方式维护和管理这么多不同环境之间的权限及网络拓扑关系，光是想想就觉得可怕。幸好，Rancher 已经帮我们设计好了多租户功能，很好地支持了上述需求。下面我们就来看看如何在 Rancher 中轻松实现对多租户多环境的管理。

首先，单击 Rancher 控制台的环境菜单，我们就能看到如图 12-14 所示的创建租户环境界面，可以十分简单地通过添加环境的方式创建一个独立的租户环境。

图 12-14　创建租户环境界面

Rancher 对多租户的支持还不止于此，Rancher 可以让我们自由编辑每个租户环境的模板，创建 Cattle 下的租户环境，如图 12-15 所示，在设置每个租户环境时可以使用完全不同的容器编排模式。在图 12-15 中，我们可以看到 Rancher 的灵活之处，Rancher 中每个环境的环境模板都可以定制，从网络到持久化方案，都可以自由选装自己所需要的基础组件。

图 12-15　创建 Cattle 下的租户环境

同时，针对每种容器编排技术，我们还可以自定义其中具体的基础组件，下面以 Cattle 容器编排模型为例进行说明。如图 12-16 所示，点击图中右下角方框位置的笔形图标，就可以自定义各种基础组件了。

图 12-16　自定义 Cattle 的基础组件

如图 12-17 所示，我们可以自由选择不同的网络模型组件。可以看到，Rancher 默认支持 IPSEC 网络模式，同时也支持 Layer2-FLAT 和 VXLAN 等网络模型。同时，出于多租户的权限隔离因素的考虑，Rancher 还支持对每个环境的用户组进行管理。

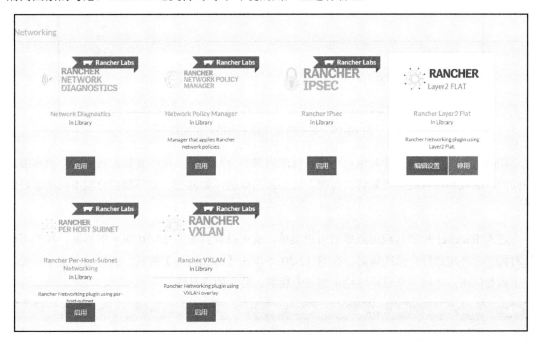

图 12-17　Cattle 下的网络模型组件

如图 12-18 所示，在环境管理界面上单击右上角圆圈位置的图标，进入编辑界面，对每个单独租户下的用户组进行编辑。

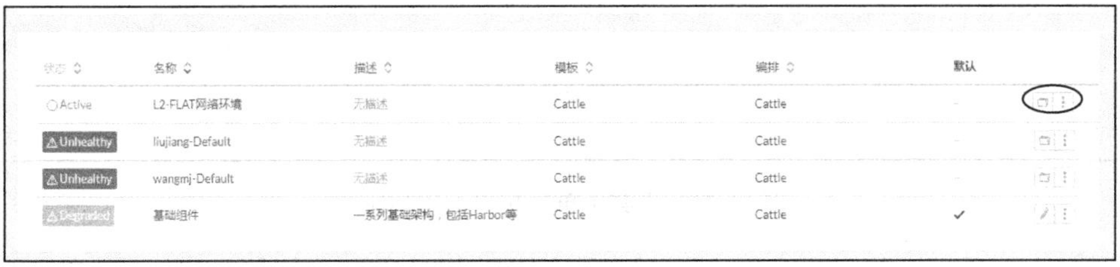

图 12-18　环境管理界面

然后我们就能针对某一特定环境编辑其用户组了，如图 12-19 所示。

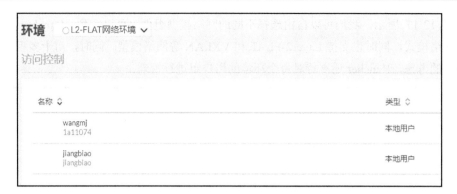

图 12-19　某一特定环境下的用户组编辑

如果说上面提到的是针对租户环境进行的隔离和分割，那么在一套租户环境内分割和隔离不同的产品线和应用线又该如何去做呢？比如最简单的，如何在一套环境内分割不同的项目组呢？

进入 Rancher 控制台应用菜单的用户菜单，就可以看到如图 12-20 所示的界面，我们可以针对同一套环境进行产品线隔离。在图 12-20 中单击【添加应用】按钮，就可以在某个单独租户下添加应用，在同一个租户环境中建立专属的、独立的产品线。

图 12-20　在某个单独租户下添加应用

12.5　Rancher 对 SaaS 的管理

一个优秀的 PaaS 平台不光要向下管理 IaaS 层的各种资源和中间件，还要能够向上支持 SaaS 层的应用，那么 Rancher 是如何做到这一点的呢？

如图 12-21 所示，我们可以看到，Rancher 中包含一个应用商店的概念，并且 Rancher 已经默认将许多常用应用编写进了官方的应用商店。

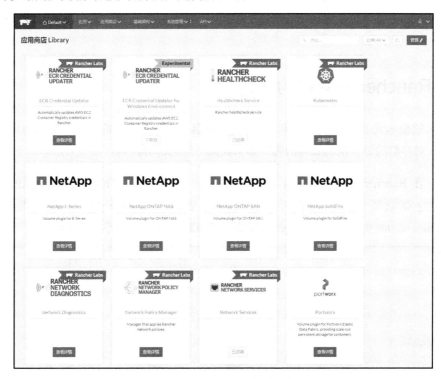

图 12-21　Rancher 应用商店

我们也可以自定义自己的应用商店，在 Rancher 控制台的系统管理菜单中单击"系统设置"一栏，就能看到如图 12-22 所示的 Rancher 应用商店配置界面。

图 12-22　Rancher 应用商店配置界面

在图 12-22 中,我们可以将很多产品线编写成 SaaS,放进应用商店,供运维人员一键部署,具体做法也很简单,只需要把该产品线的 docker-compose 和 rancher-compose 放入 Git 的目录,然后在图 12-22 中将该目录地址填入商店配置即可,这样一来,我们就实现了 Rancher 对 SaaS 的管理。

12.6 Rancher 对容器的管理

容器云的根本灵魂在于管理容器,其中涉及容器的定义、容器的部署、容器的启停等。那么 Rancher 对容器的管理是怎么样的呢?本节就来介绍这部分内容。

首先,在 Rancher 控制台中单击【添加应用】按钮,可以看到如图 12-23 所示的添加应用配置界面。在该界面中,我们可以直接导入 docker-compose.yml 文件来生成应用,rancher-compose.yml 中包含了 Rancher 的健康检查策略、容器编排等基础功能。

图 12-23　添加应用配置界面

如果我们不想导入 docker-compose.yml,则可以从图形化界面上以拖曳的方式添加服务、负载均衡器等。在 Rancher 控制台上单击【添加服务】按钮后,就可以如图 12-24 所示,在图形化界面上创建应用,在该界面中,我们可以添加一个 Tomcat 集群。

图 12-24 在图形化界面上创建应用

添加完上述 Tomcat 集群之后，再在图形化界面上创建一个负载均衡器，关联到 Tomcat 集群，如图 12-25 所示。

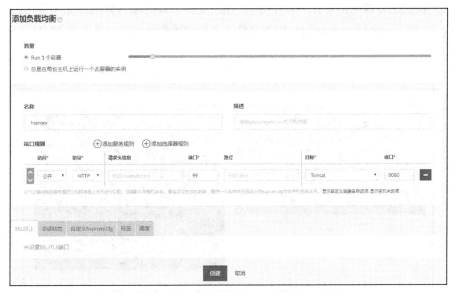

图 12-25 在图形化界面上创建负载均衡器

这样一来，我们就生成了一个最简单的应用，然后可以在 Rancher 控制台上单击图 12-26 中右上角圆圈位置的图标，在图形化界面上查看容器关系，这样便可以直观地看到系统部署架构图，一目了然地看到应用中各个容器之间的关联关系。

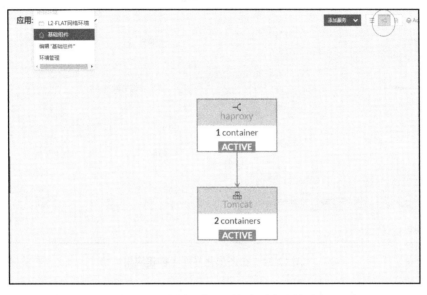

图 12-26　在图形化界面上查看容器关系

同时，我们还可以从图形化界面中导出 yml 文件，即将编排好的产品线导出为 docker-compose.yml 和 rancher-compose.yml 配置文件，具体的操作方式是，单击图 12-27 中右上角圆圈位置的图标。

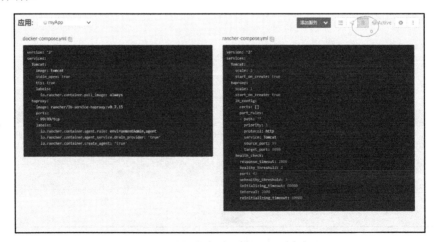

图 12-27　从图形化界面中导出 yml 文件

对于生产环境而言，不光要重视容器发布，发布之后的无缝升级也是很重要的。为此，Rancher 还提供了容器无缝升级的功能。比如我们想对上述 Tomcat 应用的镜像进行升级，那么只要在 Rancher 控制台上单击图 12-28 中圆圈位置的【升级】按钮，即可在应用一览界面中升级容器。

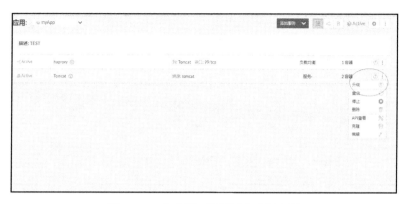

图 12-28　在应用一览界面中升级容器

接下来我们在配置界面中填写镜像文件，将该应用的镜像文件换掉，如图 12-29 所示，填写文件的位置为圆圈标注的位置，这样即可在图形化界面中无缝升级容器。

图 12-29　在图形化界面中无缝升级容器

单击图 12-28 中的【升级】按钮后，可以观察升级成功的容器，如图 12-30 所示。Rancher 采用了"先启动新镜像，再关闭旧镜像"的优雅升级模式，例如对于图 12-30 中框内的部分，先启动其中第二行的新镜像，在启动过程中保留下第一行的原有镜像，待新镜像启动成功之后再停止原有镜像容器。

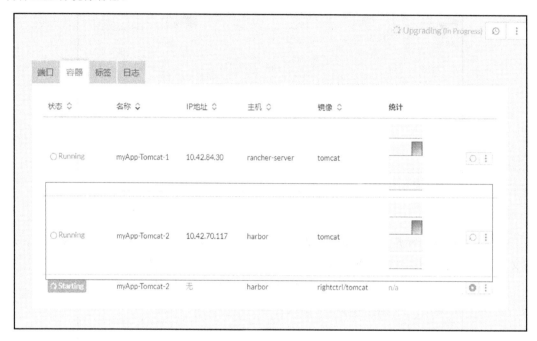

图 12-30　观察升级成功的容器

除了上面介绍的比较简单的容器升级技术，Rancher 还默认提供了对容器的基本调度算法，图 12-31 展示了 Rancher 中 Cattle 的简单调度策略。

在图 12-31 的策略中，容器启动的时候可以指定在某一台主机上运行该容器（一般常见于边缘节点的 SLB），如图 12-31 框住的部分所示，也可以指定调度规则，自动发布在有规则的某些主机上。

利用上面提到过的 Webhook 机制，也可以简单地对容器进行扩容。如图 12-32 所示，添加一个 Webhook 接收器，专门用来对某个容器进行扩容，然后在如 Zabbix 一类的监控软件中根据性能特性调用 Webhook，这样就能达到根据监控结果动态扩容服务的目的。

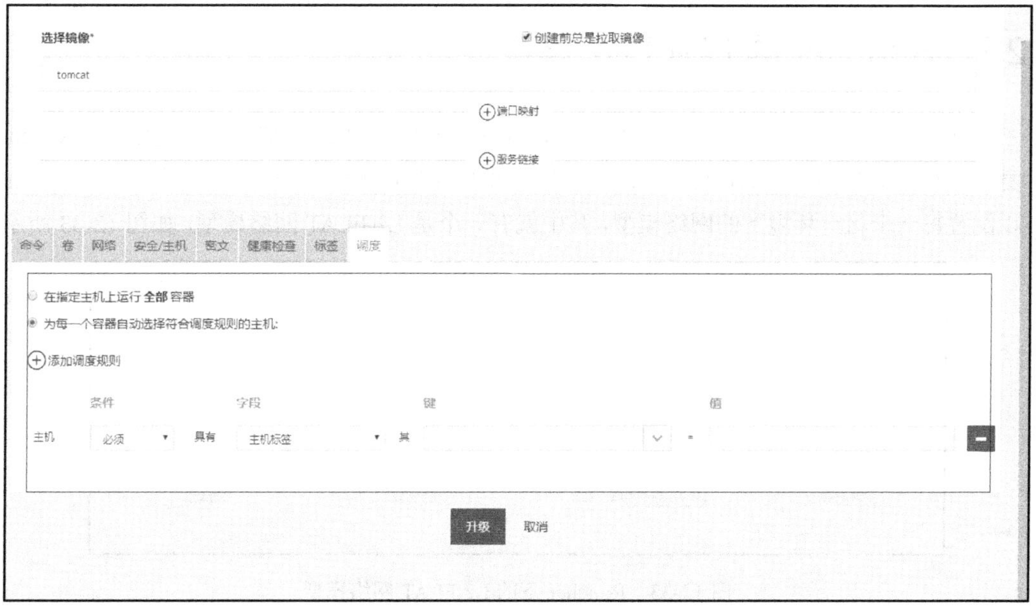

图 12-31　Cattle 的简单调度策略

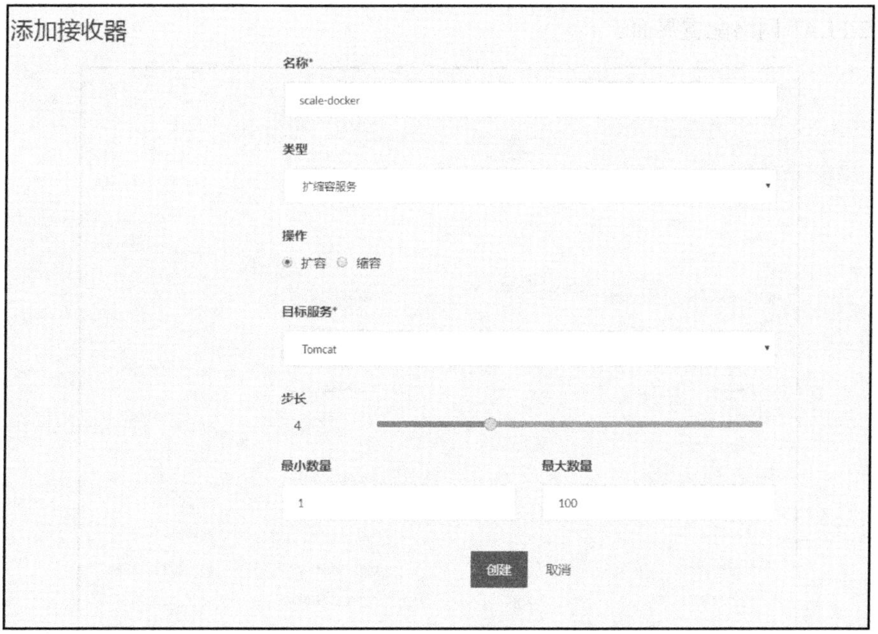

图 12-32　利用 Webhook 进行容器扩容

12.7　Rancher 的 L2-FLAT 网络

本书第 7 章介绍 Docker 集群网络模式时，曾经提到过一种 L2-FLAT 网络模型，其实 Rancher 本身就带有 Rancher L2-FLAT 网络插件。在 12.3 节 Rancher 对 IaaS 的管理中曾经提到，Rancher 可以配置每一个租户环境下的网络模型，其中就有一个是 L2-FLAT 网络模型，如图 12-33 所示。

图 12-33　Rancher 下的 L2-FLAT 网络模型

选中图 12-33 中的 L2-FLAT 网络模型，然后单击【编辑设置】按钮，我们能看到如图 12-34 所示的 L2-FLAT 网络配置界面。

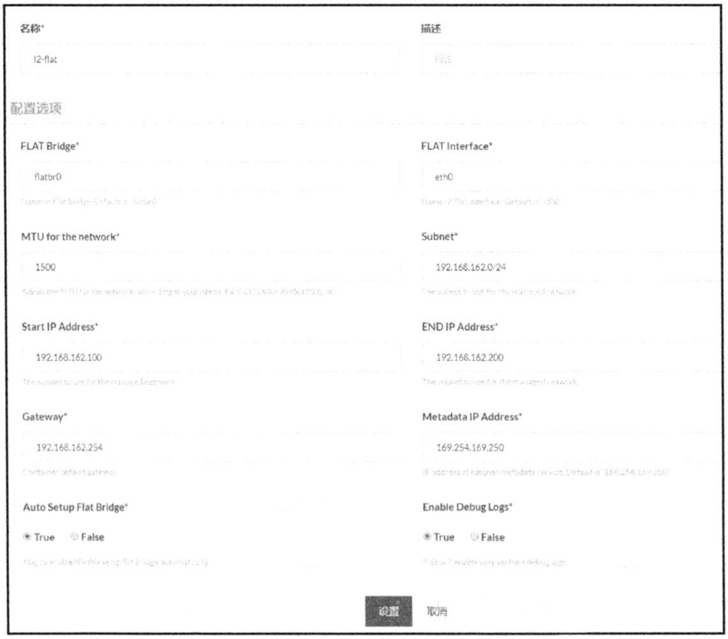

图 12-34　L2-FLAT 网络配置界面

下面我们来简单描述一下网络配置的含义。

图 12-34 中的 FLAT Bridge 指的是 L2-FLAT 网络默认创建的网桥。FLAT Interface 需要改成本机的物理网卡名称。需要注意的是，如果主机上有多张网卡，建议用其中一张作为 L2-FLAT 出口，其余的作为管理网入口。

图 12-34 中的 Subnet、Start IP Address 和 End IP Address 是虚拟网络的地址段，这里要注意，不能和现有物理网中的地址冲突，要提前做好网段划分。

图 12-34 中的 Gateway 是物理网的交换机地址。Metadata IP Address 是 Rancher 中 Metadata 的虚拟 IP 地址，Rancher 中的 Metadata 类似 Kubernetes 中的 etcd 集群，用来存储所有集群容器的 IP 地址信息。

L2-FLAT 网络通信原理如图 12-35 所示。在 L2-FLAT 网络中，所有 Docker 容器都通过 flat-br 网桥获得和物理网同型的地址，然后通过 eth0 物理网卡出口进行通信。而跨物理机之间的容器路由和寻址，则通过 flat-br 网桥接入 docker0 网桥，然后到 Rancher 的 metadata 和 DNS 上完成通信。

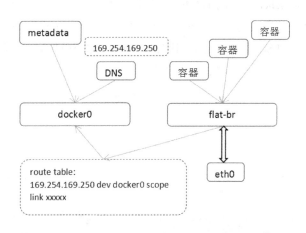

图 12-35　L2-FLAT 网络通信原理

12.8　Rancher 的服务治理

Rancher 默认支持 Rancher-DNS 这样的寻址基础服务组件，所有通过 Rancher 创建出来的容器都会生成相应的 DNS 记录，而其他容器就可以通过相应的 DNS 记录进行网络访问，所以一组关联容器之间只要通过 DNS 自动寻址就能做到自发现、自注册。

但是对于负载均衡器这类传统的中间件，如何才能做到容器的自发现，自动感知，自动上、下线呢？

一般来说，Docker 中是使用 HAProxy+etcd+Confd 来解决这个问题的。

这里的 Confd 负责获取 etcd 中存储的配置，并在各个服务节点上刷新配置，重载服务，etcd 中注册维护了所有 Docker 容器的 IP 地址和版本信息，而 HAProxy 就从 etcd 中获取最新存活的可用容器的 IP 地址用于流量分发。

对应上述传统架构，Rancher 体系中并没有使用 etcd，而是用 Rancher-metadata 服务来代替 etcd 的功能。

Rancher 原生的方案是，通过 Rancher-DNS 来实现服务发现，通过 Rancher-metadata 灵活动态地向微服务所在的容器中注入一些配置数据，使用 Rancher-HealthCheck 来保证微服务的高可用性，然后通过 Rancher 内置的默认负载均衡（基于 HAProxy 实现）对互联网提供四层到七层的容器负载。

图 12-36 展示了 Rancher 自带的 HAProxy 负载均衡架构，需要注意的是，在使用 Rancher 自带的 HAProxy 实现外部负载均衡的时候，需要绑定外网 IP 地址进行外部 DNS 映射，这种情况下需要通过 Label Based Scheduling 方式，让 Rancher 自带的 HAProxy 容器只落在固定主机上，然后将外部 DNS 映射到这个固定主机的 IP 地址上。

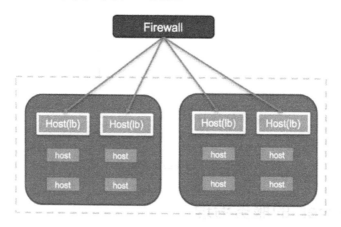

图 12-36　Rancher 自带的 HAProxy 负载均衡架构

注意，此处如果有新启动的容器想加入该负载均衡器，需要重启 Rancher 的 HAProxy，也就是说，HAProxy 本身并不具备根据容器的状态和上、下线情况进行热部署的功能。

另外要说明一下，Rancher 中的 HealthCheck 是基于 HAProxy 实现的，支持 TCP/HTTP 协议，当 unhealthy 触发时，会按照预先设置的策略重新拉起容器。

Rancher 的健康检查配置如图 12-37 所示，当启动服务的时候，就可以配置服务的健康检查策略了，Rancher 默认通过一个 HTTP 协议的 URL 地址进行健康检查，Rancher 的 HealthCheck 策略可以定时轮询该 URL，一旦发现不可用就根据指定的策略重启或者升级服务容器。

图 12-37　Rancher 的健康检查配置

除了上面讲的 Rancher 自带的方法，针对微服务的边缘节点的服务暴露和自发现，还有以下几种办法。

Rancher 提供 External-DNS、External-LB 等框架可以让高级用户根据自身的场景需求定制微服务最前端的路由出口，其中 External-DNS 除了支持公共的 DNS 服务器（如 Route53），还支持内部 DNS 服务器（如 Bind9），而 External-LB 目前支持 F5 设备。

其中 External-DNS 的基础组件支持在 Rancher 的服务集群和内部其他系统的服务集群之间使用 Bind9 之类的 DNS 服务器，将边缘节点暴露成 DNS 域名以供访问。图 12-38 展示了 Rancher 用 Bind9 做边缘节点负载的情况。

这里需要注意的是，DNS 一般不具备轮询功能，同时集群宕机时也不具备自动下线功能，所以在高并发、高可靠场景下使用的风险较高。

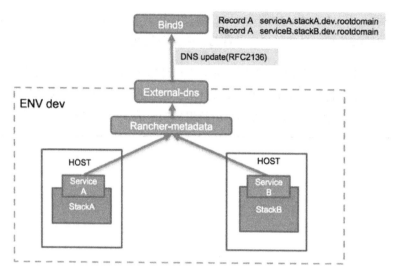

图 12-38　Rancher 用 Bind9 做边缘节点负载

而 External-LB 的做法是和 F5 设备整合，让 F5 设备直接嵌入整个 Rancher 服务网络，做最外层的负载均衡，网络请求直接经由 F5 设备出发，路由到容器地址。

Rancher 用 F5 做边缘节点负载的情况如图 12-39 所示，Docker 容器的上、下线和配置信息会自动汇集到 Rancher-metadata 中，然后 metadata 中的数据会自动通过 External-LB 插件关联到 F5 设备层，这样 F5 设备就能根据容器的状态动态进行负载均衡了。

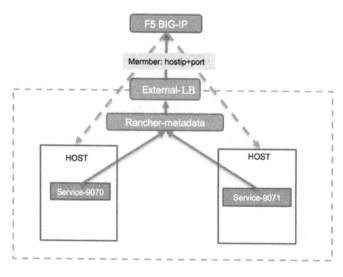

图 12-39　Rancher 用 F5 做边缘节点负载

还有一种最新的方式，既可以做到容器的自动感知、自动发现，还可以实现高性能和高可用的负载均衡，那就是将 Traefik 作为容器集群最前端的负载均衡设备，然后把多台主机上的 Traefik 集群挂载在物理防火墙或物理交换机上作为流量入口。

下面我们来看看如何使用 Traefik。首先我们在应用商店中找到 Traefik，并且一键安装，如图 12-40 所示。

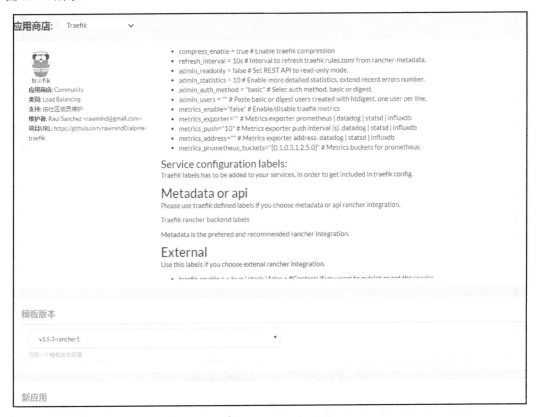

图 12-40　在应用商店中一键安装 Traefik

成功启动 Traefik 容器后，界面如图 12-41 所示。

图 12-41　成功启动 Traefik 容器

我们尝试添加一个容器，并且为其添加特定标签，例如将其标签设置为 traefik_lb=true，如图 12-42 所示。

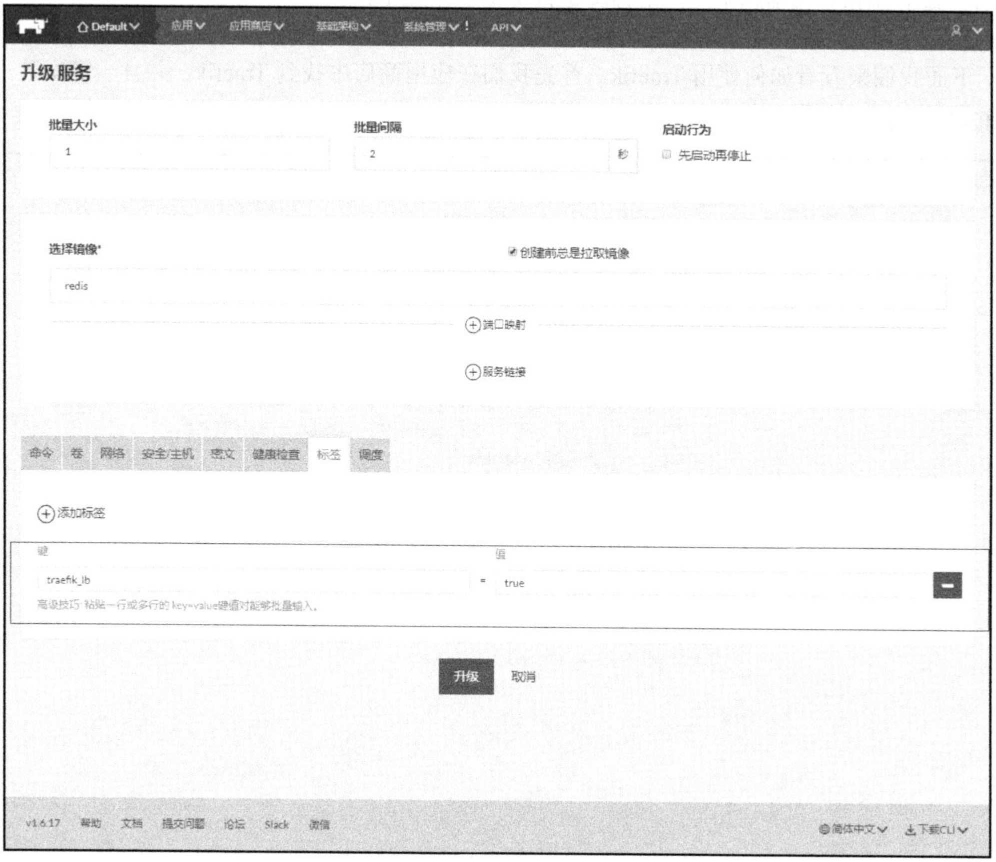

图 12-42　为容器添加特定标签

然后，回过头来访问 Traefik 的 8000 管理口，如图 12-43 所示，在 Traefik 管理界面后台上查看挂载的应用。在用方框框起来的位置，我们可以看到 Traefik 上已经成功注册了我们刚启动的容器。

事实上，Traefik 就是通过容器的标签实现容器自动上、下线并对容器进行管理的。Traefik 的官网地址是 https://docs.traefik.cn/，有兴趣的读者可以进行深入研究，下面我们再通过一个小例子来看看 Traefik 是怎么和 Docker 配置关联使用的。

第 12 章 基于 Rancher 的容器云管理平台

图 12-43　在 Traefik 管理后台上查看挂载的应用

首先创建一个名为 traefik 的目录，然后在目录下配置一个如下的 docker-compose 配置文件，这个配置文件声明了一个 Traefik 的容器，并将其暴露在主机的 80 和 8080 端口上。

```
version: '2'

services:
  proxy:
    image: traefik
    command: --web --Docker --Docker.domain=Docker.localhost --logLevel=DEBUG
    networks:
      - webgateway
    ports:
      - "80:80"
      - "8080:8080"
    volumes:
      - /var/run/Docker.sock:/var/run/Docker.sock
      - /dev/null:/traefik.toml

networks:
```

```yaml
webgateway:
  driver: bridge
```

然后我们在 traefik 目录下执行以下命令,启动该容器。

```
docker-compose up -d
```

接下来在浏览器中打开 http://localhost:8080 页面,这样就可以成功访问 Træfik 的控制台了。

我们再创建一个名称为 test 的目录,并在目录下创建如下所示的 docker-compose.yml 文件,该配置文件声明了一个容器,并为其打上了 Traefik 的标签。

```yaml
version: '2'

services:
  whoami:
    image: emilevauge/whoami
    networks:
      - web
    labels:
      - "traefik.backend=whoami"
      - "traefik.frontend.rule=Host:whoami.Docker.localhost"

networks:
  web:
    external:
      name: traefik_webgateway
```

然后在 test 目录下按顺序执行以下命令,启动两个 whoami 容器。

```
docker-compose up -d
docker-compose scale whoami=2
```

最后,使用如下 shell 命令测试 test_whoami_1 和 test_whoami_2 这两个服务之间的负载均衡。我们可以通过 curl 的返回结果看到,这两个容器都已经绑定到 Traefik 上了,并且能够根据轮询算法进行负载均衡。

```
$ curl -H Host:whoami.Docker.localhost http://127.0.0.1
Hostname: ef194d07634a
IP: 127.0.0.1
IP: ::1
IP: 172.17.0.4
```

```
IP: fe80::42:acff:fe11:4
GET / HTTP/1.1
Host: 172.17.0.4:80
User-Agent: curl/7.35.0
Accept: */*
Accept-Encoding: gzip
X-Forwarded-For: 172.17.0.1
X-Forwarded-Host: 172.17.0.4:80
X-Forwarded-Proto: http
X-Forwarded-Server: dbb60406010d

$ curl -H Host:whoami.Docker.localhost http://127.0.0.1
Hostname: 6c3c5df0c79a
IP: 127.0.0.1
IP: ::1
IP: 172.17.0.3
IP: fe80::42:acff:fe11:3
GET / HTTP/1.1
Host: 172.17.0.3:80
User-Agent: curl/7.35.0
Accept: */*
Accept-Encoding: gzip
X-Forwarded-For: 172.17.0.1
X-Forwarded-Host: 172.17.0.3:80
X-Forwarded-Proto: http
X-Forwarded-Server: dbb60406010d
```

第 13 章

微服务与 Docker 化实战

第 12 章主要介绍了用 Rancher 部署容器云 PaaS 平台架构的过程。古语有云："工欲善其事，必先利其器"，通过上一章的学习，我们已经实现了"利其器"，接下来我们就要开始"善其事"了。

在这一章中，我们将了解实际工程开发中将某条产品线进行 Docker 化的方针和路径。首先，我们来介绍一下该产品线的整体架构。

13.1 整体架构鸟瞰

混合云下的部署架构如图 13-1 所示，整体来看，在某条产品线中，我们决定将其中一部分应用容器化（对应图 13-1 右边的 Docker 集群），而另一部分应用依然用传统的物理裸金属方式来部署（对应图 13-1 中的物理集群）。

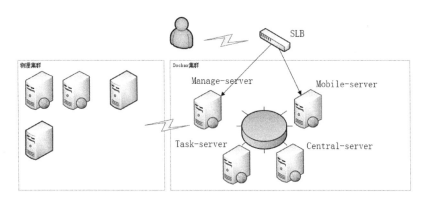

图 13-1　混合云下的部署架构

因为这两部分的应用需要互相访问,所以在网络选型中,我们选择用 Rancher 的 L2-FLAT 网络模型打通物理网络和容器网络。

同时,在网络规划上,我们将 Docker 集群在网段上独立划分出来,将所有 Docker 容器集群规划在一个子网内,跨网段的路由由三层交换机进行转发,这样能够让网络跨物理集群和 Docker 集群进行通信。

另外,由于 Docker 集群需要对外暴露访问,所以我们在前端入口用 Traefik 中间件做负载均衡,实现容器的自发现和自注册,同时为了实现 Traefik 的高可用和高并发,可以将一组 Traefik 挂载在硬件防火墙上,作为 SLB 的可用集群。

在整个集群中,我们通过 Rancher 进行容器发布和升级管理,同时对于容器的日志和监控,我们都采用助手容器(KickSide)来处理。

最后我们通过在 Jenkins 中调用 Rancher 的 API,实现初步的 DevOps 闭环。

对于整体的架构规划而言,我们发现,整个产品线大量依赖 MQ、Redis 等中间件紧耦合,有若干应用基于 Dubbo 和 ZooKeeper 实现服务治理,还有部分服务之间的互相通信是直接基于 RESTful 接口完成的。一个典型的分布式系统架构如图 13-2 所示。

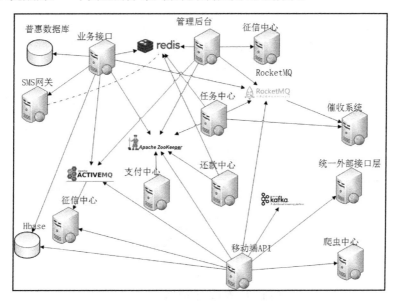

图 13-2　一个典型的分布式系统架构

基于以上原因,在将整个产品线进行 Docker 化的过程中,我们制定了以下几个设计原则。

- 带状态应用（如中间件）、数据库全部不迁入 Docker，只选择无状态的应用进行容器化。

- 选用 L2-FLAT 网络模型。因为应用之间存在 Dubbo 的 RPC 调用，所以网络层需要通过物理 IP 地址直接打通，不能存在跨虚拟网络的报文路由，否则应用性能堪忧，网络问题也难以解决。

- 利用 Pinpoint 对服务链条进行追踪。因为部分应用容器化之后，整体的服务调用链会在裸金属应用和容器之间跳转。这样做可以方便管理，防止容器和非容器之间的服务断裂之后无法快速定位和发现问题。

按照上述设计原则，我们可以得到一个简单的跨容器通信架构，如图 13-3 所示。

同一个宿主机上的两个容器通过虚拟网桥插入物理网卡，然后将报文转发给三层交换机，三层交换机直接利用物理 IP 地址进行寻址，将报文转发给各种裸金属应用和中间件。同时 ELK 和 Zabbix 通过宿主机上的助手容器直接监控和分析容器性能。

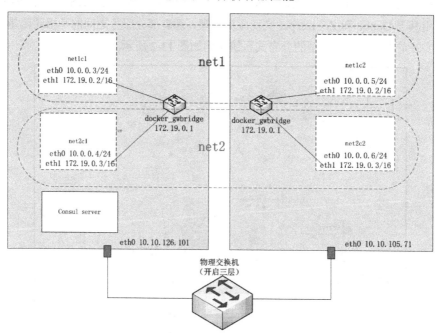

图 13-3　简单的跨容器通信架构

这一节描述了将整体产品线 Docker 化的思路与架构设计，下面我们将针对容器的日志收集、监控、DevOps 架构三个方面进行具体介绍。

13.2 基于 log-pilot 的日志收集

前面提到，我们将选用在宿主机上运行助手容器的方式来进行日志收集。log-pilot 是阿里巴巴开源的一个日志收集助手容器，只要在每台机器上都部署一个 log-pilot 实例，就可以收集机器上所有的 Docker 应用日志。注意，log-pilot 只支持 Linux 系统下的 Docker，不支持 Windows 或 Mac 系统下的 Docker。

log-pilot 具有如下特性。

- 一个单独的 log 进程便可以收集所有容器的日志，不需要为每个容器启动一个 log 进程。

- 支持收集 stdout 日志和文件日志。Docker log dirver 以及 Logspout 只能处理 stdout 日志，log-pilot 不仅支持收集 stdout 日志，还可以收集文件日志。

- 声明式配置。当容器有日志要收集时，只要通过 label 声明要收集的日志文件路径，则无须改动其他任何配置，log-pilot 就会自动收集新容器的日志。

- 支持多种日志存储方式。无论是使用强大的阿里云日志服务，还是比较流行的 ElasticSearch 组合，甚至是 Graylog，log-pilot 都能把日志投递到正确的地点。

log-pilot 的使用也非常简单，下面我们来简单介绍一下 log-pilot 的使用方式。

第一步：在宿主机上执行如下命令，启动 log-pilot 容器。

```
docker run --rm -it \
    -v /var/run/docker.sock:/var/run/docker.sock \
    -v /:/host \
    --privileged \
    -e FLUENTD_OUTPUT=elasticsearch \
    -e ELASTICSEARCH_HOST=${ELASTICSEARCH_HOST} \
    -e ELASTICSEARCH_PORT=${ELASTICSEARCH_PORT}
    registry.cn-hangzhou.aliyuncs.com/acs-sample/log-pilot:0.1
```

其中有三个重要参数，它们的含义分别如下。

- FLUENTD_OUTPUT=elasticsearch：把日志发送到 ElasticSearch。

- ELASTICSEARCH_HOST=${ELASTICSEARCH_HOST}：ElasticSearch 的域名。

- ELASTICSEARCH_PORT=${ELASTICSEARCH_PORT}：ElasticSearch 的端口号。

第二步：启动一个 Tomcat 容器，并为其打上日志收集的标签，命令如下。

```
tomcat:
  image: maiyaph/maiyaph/mobile-server
  ports:
    - "8080:8080"
  restart: always
  volumes:
    - /usr/local/tomcat/tomcat_log
  labels:
    aliyun.logs.platform: /usr/local/tomcat/tomcat_log/mobile-server/platform.log
    aliyun.logs.platform.tags: "app=tomcat,stage=dev"
```

在上面命令中，volumes 表示容器的日志文件地址；aliyun.logs.platform 中的 platform 是自定义的日志标签，例如在 ELK 中搜索的时候就用 platform*搜索；aliyun.logs.platform 的值就是该日志文件的绝对地址。

第三步：通过如下的 ELK 的 docker-compose.yml 文件一键式启动 ELK。

```
version: '2'
services:
  elasticsearch:
    ports:
        - 9200:9200
    image: elasticsearch

  kibana:
    image: kibana
    ports:
        - 5601:5601
    environment:
      ELASTICSEARCH_URL: http://elasticsearch:9200/
    labels:
      aliyun.routing.port_5601: kibana
    links:
      - elasticsearch

  pilot:
```

```
image: registry.cn-hangzhou.aliyuncs.com/acs-sample/log-pilot:latest
privileged: true
volumes:
  - /var/run/docker.sock:/var/run/docker.sock
  - /:/host
environment:
  FLUENTD_OUTPUT: elasticsearch
  ELASTICSEARCH_HOST: elasticsearch
  ELASTICSEARCH_PORT: 9200
links:
  - elasticsearch
```

然后我们按顺序启动 Tomcat 镜像、ELK 镜像、log-pilot 镜像，打开 ELK 看到日志正常显示，说明我们已经能够基于 log-pilot 这样助手容器（KickSide）在宿主机上搜集指定 Docker 容器的指定日志文件了，并可以将其推送到 ELK 上进行分析。

13.3 基于 Zabbix 的容器监控

在本节中，我们将选用一个 Docker Zabbix 插件作为助手容器，专门用来监控所有 Docker 容器的状态，然后转发给 Zabbix 服务端汇总显示。

Zabbix 下监控 Docker 的逻辑架构如图 13-4 所示，Zabbix 可以通过 Dockbix Agent 容器常驻宿主机抓取监控信息。各位读者可以通过官方网站了解更多相关信息。

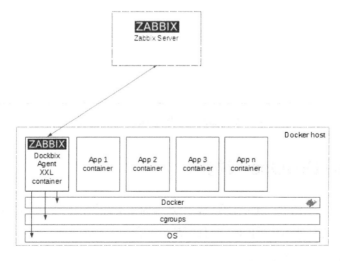

图 13-4　Zabbix 下监控 Docker 的逻辑架构

下面我们来看一下如何具体部署和使用该工具。

第一步：在宿主机上执行如下命令，启动该助手容器。

```
docker run \
  --name=dockbix-agent-xxl \
  --net=host \
  --privileged \
  -v /:/rootfs \
  -v /var/run:/var/run \
  --restart unless-stopped \
  -e "ZA_Server=<ZABBIX SERVER IP/DNS NAME/IP RANGE>" \
  -e "ZA_ServerActive=<ZABBIX SERVER IP/DNS NAME>" \
  -d monitoringartist/dockbix-agent-xxl-limited:latest
```

第二步：在 Zabbix 中导入专门用于监控 Docker 容器的 Zabbix templates。

接下来，我们打开 Zabbix，就能看到如图 13-5 所示的 Zabbix 下监控 Docker 的结果，该助手容器所在宿主机上的所有容器的实时监控信息都显示出来了。

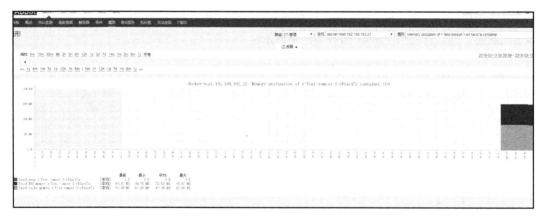

图 13-5　Zabbix 下监控 Docker 的结果

13.4　简单的 DevOps 架构图

Rancher 本身有大量的 DevOps 工具链，但是因为在实践的过程中，公司内部其实有成熟的 CI/CD 平台，所以在进行技术选型的时候，我们是基于自己的 CI/CD 平台调用 Rancher 的 RESTful API 来实现 DevOps 逻辑的。

本节中，我们将介绍一个 DevOps 架构思路。具体来看一下图 13-6 所示的 DevOps 的逻辑架构，我们将 DevOps 的过程分成如下几个步骤。

第一步：通过自主研发的 CI/CD 平台调用 Jenkins API，从 GitLab 中下载指定分支下的代码和 Dockerfile 文件，执行 mvn install 和 docker build 命令，编译成指定版本的 Docker 镜像。

第二步：用 docker push 命令将该镜像推送到 Harbor 的 Docker 仓库。

第三步：通过自主研发的持续发布平台调用 Rancher 的 API，发布或者升级该应用。

第四步：发布之后，Rancher 根据应用的标签决定将容器发布在哪些不同的宿主机上。

第五步：这些宿主机上的容器通过 L2-FLAT 网络模型与裸金属主机上的应用通信。

第六步：这些 Docker 容器通过前面两节提到的 log-pilot 和 Zabbix-xxl 将日志和监控归集到现有物理网的 ELK 和 Zabbix 中，实现对运维的完全透明管理。

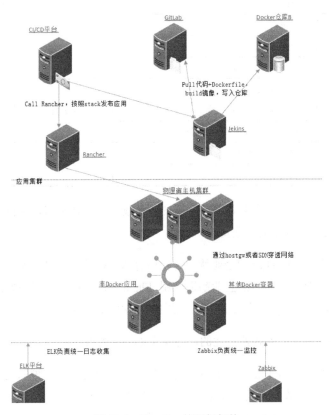

图 13-6　DevOps 的逻辑架构

13.5 推进方案和成本

对于中小型公司而言,将某条产品线或者某些应用逐步进行容器化,需要设定一个长期的 RoadMap,而且要考量中间的时间成本、人力成本、技术风险。

不同的场景,不同的产品线,不同的 Docker 容器化程度,所需资源和成本也各有不同,表 13-1 展示了 13.1 节中描述的产品线在 Docker 化和迁移过程中的大致计划周期和人员分布情况,仅供参考。

表 13-1 Docker 化和迁移过程中的计划周期与人员分布

Phase	工 作	计划周期	人员分布
基础建设	建立 yum 仓库	2.5 人月	运维
	建立 Docker 仓库		运维
	编写基础镜像		架构
	部署 Rancher 环境		运维+架构
	网络选型和网段规划		运维+架构
	在 CI/CD 平台中整合 Docker		研发
产品线梳理	按产品线编写 Dockerfile 和 Docker Compose	1 人月	研发+架构
	确定产品线 Docker 化应用和架构图		
环境割接	测试环境 Docker 环境割接	1.5 人月	运维+架构
	生产环境 Docker 环境割接		

对于不同的公司而言,每个公司都有自己的业务场景和公司现状,根据自己的业务场景选择正确的 Docker 技术组合才是最重要的。

比如,是不是所有用 Docker 的企业就一定要用容器编排技术?是不是一谈到容器编排就必须使用 Kubernetes?是不是所有的企业都适合用 Flannel 的 Docker 网络?除了 Flannel 这种 OverLay 网络模型,还有没有其他二层或者三层的网络解决方案?

这些技术选型问题是大家普遍关注的,也贯穿本书的始终。

使用某项技术时不能舍本逐末,削足适履。鞋子合不合适,只有脚知道。要想知道公司适合用哪些 Docker 技术模式,就要先知道公司处于哪种 Docker 运用级别。笔者根据个人的观察和思考,将 Docker 的运用级别分成了以下几种类型。

创业团队架构

团队现状：没有专职的运维人员，人数少于几十。

所需环境：对是否实现微服务化无要求，对是否实现底层虚拟化无要求，对是否需要自动化运维发布无要求，对底层网络模型无要求。

达成目标：能够快速串联启动整套环境，将各个应用容器化启动。

所需技术：Docker、Docker Compose、cAdvisor 监控、日志挂载本地卷轴、基于宿主机端口的集群网络模式（NAT）。

特点：负责运维的人员很少；部署在同一个物理机上的应用较多，配置冲突，端口冲突，互相连接，运维需要 Excel 去管理，容易出错；物理机容器被脚本和 Ansible 改得乱七八糟，难以保证环境一致性，重装物理机则更加麻烦；不同的应用依赖不同的操作系统和底层包，千差万别。

处于这个阶段的企业可以尝试使用裸用容器，即在原来的脚本或 Ansible 里面将"启动进程"改为"使用 docker run"，这样做有以下几点好处。

- 配置干净，端口隔离，冲突减少。
- 基于容器部署，使得环境一致，安装和删除都干干净净。
- 不同的操作系统和底层包都可以用容器镜像搞定。

在这个阶段，最简单的方式就是把容器当作虚拟机来使用，即先启动容器，然后在里面下载 war 包等，当然也可以更进一步将 war 包和配置直接部署在容器镜像里面，这需要一个持续集成的流程，不仅仅要运维人员参与，开发人员也要参与其中。网络模式则可以使用桥接打平的方式。

中小型企业扁平式架构

面向群体：中小型公司，有上百人规模，有专职运维人员，有大量既存的历史机器和代码。

所需环境：应用基本实现了服务化拆分，有一定的自动化发布能力，有一定的 DevOps 意识，对集群网络有一定的复杂度要求。

达成目标：有统一入口管理基于 Docker 的自动化发布、自动化运维，具有一定的容器编排能力。

所需技术：Docker、Docker Compose、cAdvisor 监控、日志收集插件、基于物理网桥的集群网络模式、基于第三方的容器编排策略。

特点：创新项目迭代速度比较快，如果有比较多的创新项目，给运维人员带来的压力也是非常大的，需要注意的是，此处不是将容器当作虚拟机来用，而是将容器当作交付物来用。

虽然容器化对于整体运维过程的改进有限，但是其关键在于能够开发一个 Dockerfile，这一点非常重要，意味着运行环境的配置提前到了开发阶段，而非运维阶段，也就是我们常说的"开发 5%的工作量增加可以减少大量的运维工作"，容器环境原子性升级回滚使得停服时间变短，可以保持开发、测试、运维环境的一致性。

内部私有云

面向群体：大型公司，具有上千人的规模，有专门的私有云团队，有大量既存的历史机器和代码。

所需环境：对应多条产品线、多家子公司、多种不同技术的实现，以及不同网络 VLAN 的隔离。

达成目标：在虚拟化基础上混搭容器化技术，满足多租户，提供面向集团层面的统一 Docker 容器化 DevOps 管理平台，能够在集团内部以 PaaS 平台的形式赋能输出。

所需技术：传统 KVM/OpenStack 虚拟化、Kubernetes 的复杂容器编排管理、基于统一门户的 DevOps 管理平台。

特点：对于很多大型公司但非互联网公司而言，使用容器还是要小心的，需要逐步实现容器化，所以存在 IaaS 平台，以及虚拟机和容器混合使用的状态，这种状态可能会持续相当长的时间。在这种情况下，建议将容器与虚拟机嵌套使用。

Flannel 和 Calico 都仅适用于裸机容器，而且仅用于容器之间的互通。一旦有了 IaaS 层，就会存在网络二次虚拟化的问题。虚拟机之间的互联是需要通过一个虚拟网络来实现的，例如 VXLAN 的实现。而使用 Flannel 或者 Calico 相当于在虚拟机网络虚拟化之上再做一次虚拟化，这样会使网络性能大幅度降低。而且如果使用 Flannel 或者 Calico，则当容器内的应用与虚拟机上的应用相互通信时，需要跨容器和物理网络进行，多使用端口转发，通过 NAT 的方式访问，或者通过外部负载均衡器的方式进行访问。而在现实应用中，不可能一下子将所有的应用全部容器化，只能实现部分应用容器化，部分应用部署在虚拟机里面是常有的现象，然而通过 NAT 或外部负载均衡器，应用的相互调用会产生侵入现象，使得应用不能像原来一样相互调用，尤其是当应用之间使用 Dubbo 或 Spring Cloud 这种服务发现机制时，侵入现象尤其明显。

公有云输出

面向群体：TOP10 大型公司。

所需环境：技术栈完备，架构分层清晰，公司由业务驱动转变为技术驱动。

达成目标：能够将云技术输出作为企业盈利的入口，而不是简单的成本中心。

所需技术：基于 OpenStack 的复杂虚拟化技术、复杂的 Kubernetes 容器编排管理、基于统一门户的 DevOps 管理平台、大型 OverLay 网络、跨地域跨机房的多租户部署模式。

特点：实现内网计算资源的统一调配，在公有云上获得计算资源，快速自动化部署。容器云之上有一个接口层，提供了调度平台来满足容器的分配、启停、计费。

任何一个单一的容器调度框架都不能完全满足需求，任何虚拟化框架也不能拿来即用，因为可能存在一些特性化的需求，比如服务池的动态扩容、跨服务池、跨租户调度，单机业务的灰度，多实例的部署，故障自动恢复，容量评估，IDC 的高可用等，所以处于这一阶段的大型公司都会针对开源软件进行大量二次开发，对外提供统一的容器云平台。

上述内容是不同级别公司内的不同级别 Docker 运用场景。同样，架构不光对事，也要对人。

对于不同的人，Docker 化也具有不同的意义。我们说架构师的主要工作就是识别利益相关者，所以了解不同人眼里的 Docker 化意味着什么至关重要。

一千个读者眼里就有一千个哈姆雷特。在推进 Docker，或者是使用 Docker 的过程中，最大的困难不在于技术本身，而在于如何协调 Docker 不同用户间的不同看法，所以了解不同人群对 Docker 的看法很重要。

对于一个运维工程师而言，你跟他讲 Docker，他的第一反应大概是将 Docker 和虚拟机对比。你跟他说 Docker 的隔离模型，他也许会反问你，为什么这么粗颗粒度的隔离还需要用到 Docker，为什么不直接用 Ansible 之类的快速启动工具呢？

对于一个网络工程师而言，你跟他讲 Docker，他大概会关心 Docker 网络模型的原理。但实际上，我们不光要关心 Docker 网络模型的原理，还要关心网络模型是不是易于维护，更重要的是，要考虑这个模型是不是跟我们现有的生产环境网络契合。举个最简单的例子，一个有几百台物理机在线的公司，能够把所有业务都停下来进行 Docker 化吗？肯定不行！要用 Docker，肯定要伴随业务线的切割和移植。所以，如果新的网络模型对现有网络模型的排斥性太大，你怎么说服网络工程师使用 Docker 呢？

对于程序员而言，你跟他讲 Docker，他会更关注 Dockerfile 由谁来写，怎么写，为了用 Docker 容器化发布是不是要改造应用，怎么改，成本有多高……

对于测试工程师而言，你跟他讲 Docker，他会关注 Docker 到底能在多大程度上降低测试成本（主要是环境成本），使用 Docker 之后，测试用例需不需要调整，Docker 的引入会不会反而增加系统的不稳定性。

对于架构师而言，他会关注 Docker 的底层技术细节，Docker 引入之后对现有架构的侵入情况如何，Docker 引入的路线图是怎么样的，Docker 对现有技术团队和技术体系的冲击成本如何。的确，这些都是要好好考量的问题。

对于老板而言，他更会关注引入 Docker 对公司到底起什么作用。如果公司现状是要在业务线上求生存，那么用成了 Docker，做成了 PaaS，真的会为公司的业务发展做出很大贡献吗？或者简单明了地说，使用 Docker 能够为公司赚多少钱，省多少钱呢？

我见过很多 Docker 化实践中的失败案例，都是因为推进者只站在某一个人或某几个人的立场看问题，结果导致 Docker 推进过程中的决策有失偏颇，说白了就是只图自己的利益，不站在全局立场考虑问题。

所以，从不同视角进行技术梳理，虽然往往不是 IT 人员的强项，但是在使用 Docker 这种底层架构的情况下，不这样做是不行的。

根据笔者的经验，与很多 IT 公司内部人员对 Docker 的狭义理解相反，往往很多专业从事 Docker 方案落地的咨询公司更能站在 IT 公司的全局角度去看问题，也可以说是"不识庐山真面目，只缘身在此山中"了。

通过以上各个章节，笔者简单地介绍了 Docker 是什么，微服务是什么，Docker 与微服务怎么结合，怎么用 Rancher 快速管理 Docker 和微服务，最后还讲述了一个自己亲身经历的将产品线 Docker 化的案例。

最后，真诚地希望这本微不足道的书，能够为各位读者在 Docker 容器化和落地过程中提供一些微小的帮助。